PICTURES AND DRAWINGS

世界名校优等生都在做的
思维训练

The Power Of Reading

总策划／邢 涛　主编／龚 勋

汕头大学出版社

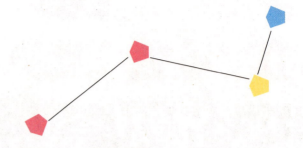

前言
FOREWORD

全脑大开发 智力蹦极跳

　　美国生理学家罗杰·斯佩里指出：人的大脑分左脑和右脑两部分，分工各有不同。左脑是负责语言和抽象思维的脑，右脑主管形象思维，具有音乐、图像、整体性和几何空间鉴别能力；左脑主要侧重理性和逻辑，而右脑主要侧重形象、情感功能。

　　本书以左右脑全脑开发为主题，并按照左右脑的主要功能划分了九章——记忆挑战赛、观察游戏库、计算训练营、文字演兵场、逻辑大迷宫、推理智慧园、想象创意屋、EQ检阅场、动手益智秀。每一章都精心设计了形式多样、内容丰富的训练题，并设置了相应的难度级别和得分（最后两章的测试题主观性较强，未设得分项），以便于读者自评、自测。书中近600个思维游戏具有很强的代表性，将让你在享受乐趣的同时，全面提升记忆力、观察力、逻辑分析能力、计算能力、语言文字能力、推理判断能力、想象力、创造力及协调能力等，让你不断超越自我，迅速迈向成功。

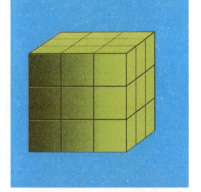

目录 CONTENTS

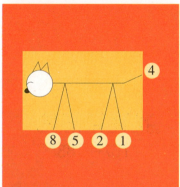

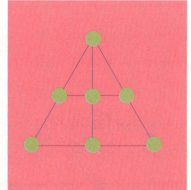

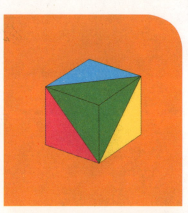

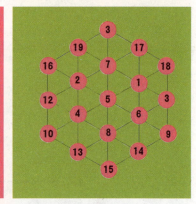

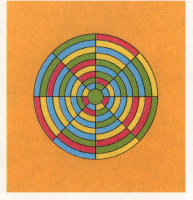

Chapter **01**

记忆挑战赛

　　培根说："一切知识，只不过是记忆。"但善于利用它的人却不是很多。本章设置了形式多样、生动有趣的记忆力训练题，专门挑战你的记忆力。在这一章中，如果你的得分在179分以下，那么你需要更多训练来增强记忆力；如果你的得分在180~209分之间，那么你属于大多数中的一个；如果你的得分在210~238分之间，那么说明你的记忆力非常出色；如果你的得分在239分以上，那么恭喜你，你是一个记忆力超强的高手！下面，就进入挑战赛吧！

右脑开发┐
001

+ 难度级别：菜鸟
+ 思考时间：1分钟
+ 得　　分：1分

数字魔方

　　右图是一个数字魔方，请你在1分钟内记住魔方上的数字，然后遮住它们，将这些数字依次复述出来。

9	3	5
8	6	2
9	2	5

右脑开发┐
002

+ 难度级别：菜鸟
+ 思考时间：2分钟
+ 得　　分：1分

成语识记

　　下面有6个成语，用2分钟的时间记住它们，然后做后面的测试。

测试：不要看左侧的成语，凭记忆将这些成语依次写出来。

千_____　　千_____　　千_____

千_____　　千_____　　千_____

千里迢迢　　千载难逢　　千山万水

千军万马　　千方百计　　千真万确

右脑开发┐
003

+ 难度级别：菜鸟
+ 思考时间：2分钟
+ 得　　分：1分

七色花

　　右图是一朵漂亮的七色花，仔细观察七色花上的颜色分布，限时2分钟，然后遮住它，给空白的七色花涂上颜色。

右脑开发 **004**	＋ **难度级别**：热身 ＋ **思考时间**：3分钟 ＋ **得　　分**：2分

请你在2分钟之内记住下面的动物，然后遮住图片，回答图下的问题。答题时不要看这些动物图片哦，看看你能不能把这些问题全部答对。

可爱的动物

①蜜蜂的正上方是哪种动物？
②排在第一行第三位的是哪种动物？
③排在第二行第四位的是哪种动物？

右脑开发 **005**	＋ **难度级别**：热身 ＋ **思考时间**：3分钟 ＋ **得　　分**：2分

打靶

　　李佳正在用小口径步枪射击特制的靶，他一共打了5发子弹，命中的环数如图所示。用3分钟的时间记住这幅图，然后回答图下的问题。

　　请不要看上面的靶子，说一说李佳一共命中了多少环。

右脑开发 **006**	＋ **难度级别**：热身 ＋ **思考时间**：3分钟 ＋ **得　　分**：2分

方格记忆

　　请你在3分钟内记住A图，然后遮住它，将B图所缺的小球补充完整，使其与A图完全相同。

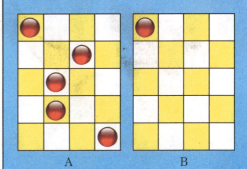

A　　　　　　　　B

右脑开发¬
007

+ **难度级别**：热身
+ **思考时间**：3分钟
+ **得　　分**：2分

宠物

　　玛丽、彼特和乔乔都喜欢养宠物。玛丽养了一只黄狗，彼特养了一只白猫，乔乔养了一只灰兔。在这三只宠物中，兔子的耳朵上长了斑点，小狗的耳朵最长。

　　请你用2分钟的时间记住左侧的文字，然后遮住它们，回答下面的问题：
　　①兔子是谁的宠物？
　　②哪种宠物的耳朵上长了斑点？
　　③彼特的宠物是黄色的吗？

右脑开发¬
008

+ **难度级别**：热身
+ **思考时间**：3分钟
+ **得　　分**：2分

金库密码

　　下面是开金库门的密码，在3分钟内记住它们，然后合上书复述一遍。

左1　右3　左4　左6　右2

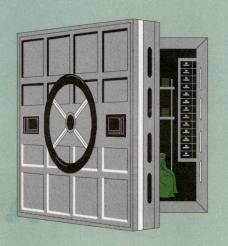

右脑开发¬
009

+ **难度级别**：初级
+ **思考时间**：5分钟
+ **得　　分**：5分

电话号码

　　用3分钟的时间记住下面的电话号码，然后遮住它们，从A～D中将正确的一组选择出来。

51662233
62630102

A　51662133　62630112

B　52662233　62630103

C　51662233　62630102

D　51662223　62630122

| 右脑开发 010 | 十 **难度级别**：初级
 十 **思考时间**：5分钟
 十 **得　分**：5分 |

火车出发了

　　两只狗坐着火车去旅行。当火车进入第一站时，一只鸡上车。进入第二站时，一头狮子上车，一只狗下车。进入第三站时，一只鸡下车，一头大象上车。进入第四站时，一头狮子下车。

　　用2分钟的时间记住上面的文字，然后回答下面的问题：

　　①当火车从始发站开出时，车上坐着哪些动物？

　　②大象从第几站上的车？

　　③狮子在哪一站下的车？

　　④两只狗都下车了吗？

　　⑤火车进入第三站时，谁上了车？谁下了车？

| 右脑开发 011 | 十 **难度级别**：初级
 十 **思考时间**：5分钟
 十 **得　分**：5分 |

名词运用

　　请你在3分钟内记住下面的8个名词，然后运用这些名词，回答下面的问题。

飞机　　自行车　　跑步机　　电脑
汽车　　电视机　　椅子　　电话

①_____属于运输工具。

②_____是需要用电的。

③_____与_____可以用来锻炼身体。

④_____和_____是使用燃料的。

| 右脑开发 012 | 十 **难度级别**：初级
 十 **思考时间**：5分钟
 十 **得　分**：5分 |

数图对应

　　下面是一组数字和与之相对应的图形，请你用3分钟的时间记住这些数字和图形，然后做后面的测试。

1	2	3	4	5	6
⊗	○	□	△	⊙	☆

测试：凭记忆把与下面的数字相对应的图形分别画出来。

1	2	3	4	5	6

右脑开发 013

+ 难度级别：初级
+ 思考时间：5分钟
+ 得　分：5分

倒背数字

请记住右侧的数字，限时3分钟，然后试着把它们倒背出来。

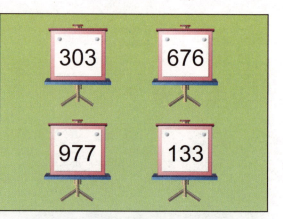

右脑开发 014

+ 难度级别：初级
+ 思考时间：5分钟
+ 得　分：5分

凸凹镜编号

请用2分钟记住左侧的文字，然后说说另一个房间的编号应是多少。

一个房间里有9面镜子，分别是"凸凸凹凹凸凹凹凹凸"，这个房间的编号是"001101110"。在另一个房间也有9面镜子，分别是"凸凹凹凸凸凸凸凹凹"。

右脑开发 015

+ 难度级别：初级
+ 思考时间：5分钟
+ 得　分：5分

记数挑战

请你用3分钟的时间记住右侧的数字表格，然后回答下面的问题。

①表格里有几个"3"？
②第一行第四个数字是什么？
③第二行第三个数字是什么？
④第三行第二个数字是什么？

5	6	8	10
2	6	3	3
5	2	3	6

右脑开发 **016**	＋ **难度级别**：中级
	＋ **思考时间**：10分钟
	＋ **得　　分**：6分

电视节目指南

　　下面是一张电视节目指南，请你用3分钟记住它，然后回答后面的问题。

频道1
5：30　电影：我是传奇
6：00　早间新闻
7：30　天气预报
8：45　天下足球
9：00　电影：乱世佳人

频道2
5：15　足球预告
7：40　读报时间
9：20　电影：生死时速
11：00　海湾风光

①电影《乱世佳人》在哪个频道播放？
②频道2在7点40分时播放什么节目？
③天气预报在什么频道、什么时间播放？
④电视节目指南中有棒球节目吗？
⑤"海湾风光"在什么频道、什么时间播放？

右脑开发 **017**	＋ **难度级别**：中级
	＋ **思考时间**：10分钟
	＋ **得　　分**：6分

奇妙的图形

　　观察下面的图形，用3分钟记住它，然后在纸上将它画出来。

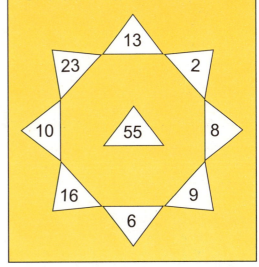

　　请在3分钟内记住下面的水果及与其对应的词语，再回答问题。

①哪个词语与樱桃相对应？
②下图中有猕猴桃的图片吗？
③与"绿叶"对应的是哪种水果？
④"高山"这个词语出现过吗？
⑤哪个词语与香蕉相对应？

右脑开发 **018**	＋ **难度级别**：中级
	＋ **思考时间**：10分钟
	＋ **得　　分**：6分

水果与词语

| 春天 | 商场 | 学校 | 绿叶 | 音乐 | 足球 |

右脑开发 019

+ 难度级别：中级
+ 思考时间：10分钟
+ 得　　分：6分

可爱的脸

用3分钟的时间记住下面这些可爱的脸，然后回答问题。

①谁的帽子上有条纹带子？
②谁在微笑？
③谁只戴一只耳环？
④哪一张脸缺了一道眉毛？

A B C D E F G H

右脑开发 020

+ 难度级别：中级
+ 思考时间：10分钟
+ 得　　分：6分

奥运会奖牌榜

举世瞩目的第29届北京奥运会结束了。在这次比赛中，各国运动员奋勇争先，勇夺奖牌。下表中列出了一些国家所获的奖牌数。请你用3分钟记住这个奖牌榜，然后回答后面的问题。

国别	金牌	银牌	铜牌	总计
中国	51	21	28	100
美国	36	38	36	110
俄罗斯	23	21	28	72
英国	19	13	15	47

①中国得了多少枚银牌？　②美国得了多少枚奖牌？　③哪些国家得的银牌数相同？
④俄罗斯得了多少枚金牌？　⑤哪些国家得了28枚铜牌？

右脑开发
021

- 难度级别：中级
- 思考时间：10分钟
- 得　　分：6分

乔治的别墅

　　乔治有一栋漂亮的别墅。这栋别墅的第一层有客厅、卧室和储物室各一间。二楼有两间卧室、一间书房和一间主浴室。三楼有另外三间卧室和一间面积很大的健身房。别墅的周围种着向日葵、胡萝卜、生菜和西红柿。

　　请你用3分钟的时间记住上面的文字，然后回答下面的问题。

① 乔治的别墅里一共有几间卧室？
② 健身房在第几层？
③ 乔治的别墅里有画室吗？
④ 客厅在第几层？
⑤ 别墅的周围种着大萝卜吗？

右脑开发
022

- 难度级别：中级
- 思考时间：10分钟
- 得　　分：6分

他们的职业

　　请用3分钟记住下面的人物及其职业，然后做后面的测试。

画家　　　　音乐家　　　　旅行家　　　　公务员　　　　商人

测试：凭记忆回答下面的问题。

① 的职业是什么？

② 图中有作家吗？

③ 排在第一行第四位的人物是什么职业？

④ 的职业是什么？

⑤ 的职业是什么？

运动员　　　　舞蹈家　　　　教师

右脑开发┐
023
+ 难度级别：中级
+ 思考时间：10分钟
+ 得　　分：6分

密码翻译

　　下面是一个密码本，在3分钟内记住密码本上的符号及英文字母，然后做后面的测试。

　　测试：根据密码本的译码，请把下面的符号转换成英文字母。

右脑开发┐
024
+ 难度级别：中级
+ 思考时间：10分钟
+ 得　　分：6分

字母记忆

　　请用3分钟记住A图里的字母，然后遮住A图，将B图补充完整，使其与A图完全相同。

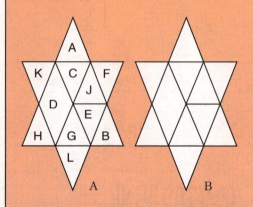

右脑开发┐
025
+ 难度级别：中级
+ 思考时间：10分钟
+ 得　　分：6分

舞动的小人儿

　　下图是一群舞动的小人儿。请在3分钟内记住第一排小人儿，然后遮住它们，从第二排中找出第一排出现过的图案。

右脑开发┐
026
+ 难度级别：中级
+ 思考时间：10分钟
+ 得　　分：6分

记扑克牌

用3分钟记住下面的扑克牌，然后做测试。

测试：①有梅花9吗？②第二行第二列是什么牌？③红桃A在什么位置？④哪张牌在方块8的正上方？⑤一共有多少张红桃？

右脑开发┐
027
+ 难度级别：中级
+ 思考时间：10分钟
+ 得　　分：6分

人物和身份

下面是一些人物和身份的名称，请将这些人物与身份配对，默记3分钟后，做后面的题目。

A.李白 B.贝多芬 C.华盛顿

D.孔子 E.教育家 F.政治家

G.诗人 H.音乐家

请用纸将左侧的文字盖住，在代表人名的符号后填上代表身份的符号：

A. _____

B. _____

C. _____

D. _____

右脑开发
028

+ 难度级别：中级
+ 思考时间：10分钟
+ 得　　分：6分

两幅图

　　请你在2分钟内记住A图，然后遮住它，在B图中找出已在A图中出现过的图案。

A

B

右脑开发
029

+ 难度级别：中级
+ 思考时间：10分钟
+ 得　　分：6分

画一画

　　用3分钟的时间记住下面的图案，然后在纸上画出来。

右脑开发
030

+ 难度级别：中级
+ 思考时间：10分钟
+ 得　　分：6分

逛超市

　　某超市共有5条走廊，第一条走廊放着面包、罐头、酒类，第二条走廊放着薯片、瓜子、饮料，第三条走廊放着洗衣粉、香皂、毛巾，第四条走廊放着洗发水、牙膏、护肤品，第五条走廊放着火腿、牛奶、饼干。

　　请你在3分钟内记住上面的文字，然后回答问题。

　　①超市卖护肤品吗？

　　②最后一条走廊上有什么物品？

　　③可以在第几条走廊找到罐头？

　　④第三条走廊上有什么物品？

右脑开发
031

+ **难度级别**：中级
+ **思考时间**：10分钟
+ **得　分**：6分

火车时刻表

下面是一张火车时刻表，请你用3分钟的时间记住各车次的名称、始发时间、始发站和终点站，然后回答后面的问题。

车次	始发时间	始发站	终点站
D31	11：05	北京	上海
T13	13：34	北京	广州
D28	9：02	哈尔滨	北京
2003	10：06	成都	昆明

①哪些车次的始发站是北京站？
②D28次列车的终点站在哪里？
③T13次列车几点始发？
④哪次列车从成都出发？

右脑开发
032

+ **难度级别**：中级
+ **思考时间**：10分钟
+ **得　分**：6分

神秘的埃及

公元前3500年左右，尼罗河两岸出现了一个个独立的王国。它们经过互相兼并，形成了上埃及和下埃及两个王国。北部下埃及的国王戴红冠，以蛇神为保护神，以蜜蜂为国徽；南部上埃及的国王戴白冠，以神鹰为保护神，以百合花为国徽。公元前3100年左右，上埃及国王美尼斯征服下埃及，实现了埃及的统一。

用3分钟的时间记住上面的文字，然后遮住它们，回答问题。
①上埃及的国王戴白冠还是红冠？
②哪位国王以神鹰为保护神？
③百合花是哪个国家的国徽？
④埃及在何时实现了统一？
⑤哪位国王统一了埃及？

右脑开发
033

+ **难度级别**：中级
+ **思考时间**：10分钟
+ **得　分**：6分

星星阵列

下面是一个漂亮的星星阵列，请用3分钟记住A图，然后将B图中的数字补充完整。

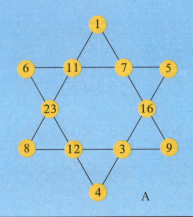

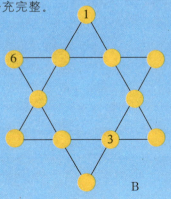

右脑开发
034
＋难度级别：中级
＋思考时间：10分钟
＋得　　分：6分

看地图

测试：不要看地图，回答问题。
①地图上有湖泊吗？
②加油站在哪条街道上？
③地图上有第二中学吗？
④地图上有几家酒吧？
⑤从利民超市出发去新华书店，应该沿着哪一条路走？

观察下面的地图，用4分钟记住它，然后做后面的测试。

第三中学　美容院　利民超市　龙口街　森林公园　皇城街　千湖　醉爱酒吧　万泉路　书院街　峰江路　电器城　加油站　和平街　新华书店

右脑开发
035
＋难度级别：中级
＋思考时间：10分钟
＋得　　分：6分

7道是非题

①A答对了几道题？
②C答错了几道题？
③谁答对了第二道题？
④第四道题有人答对吗？

有A、B、C三人回答同样的7道是非题。规定：凡答案是正确的，就打上一个"○"；答案是错误的，就打上一个"×"。请你用4分钟的时间记住三人的答题情况，然后回答后面的问题。

	1	2	3	4	5	6	7
A	○	×	×	×	×	×	○
B	×	○	×	×	○	○	○
C	○	×	○	×	×	×	×

右脑开发 036

+ 难度级别：中级
+ 思考时间：10分钟
+ 得　　分：6分

结算清单

　　李林和张丽去饭店吃饭，右侧是他们各自结算时的清单。用4分钟记住这两份清单，然后回答问题。

① 结算清单上有西红柿汤吗？
② 李林点了烤鸡翅吗？
③ 谁点了比萨饼？
④ 哪种食物的价格是22元？

李林的结算清单	
烤牛排	38元
咖喱鸡块	22元
比萨饼	36元
罗宋汤	10元

张丽的结算清单	
番茄牛肉面	20元
烤鸡翅	25元
炒羊肉	20元
甜酒	38元

右脑开发 037

+ 难度级别：中级
+ 思考时间：10分钟
+ 得　　分：6分

下象棋

　　小张和小王特别喜欢下象棋，两人总在一起切磋棋艺。这天，他们又聚在一起下象棋了，右侧就是他们俩下象棋时的残局图。请在4分钟内记住这盘残局，然后在纸上把这幅残局图画出来。

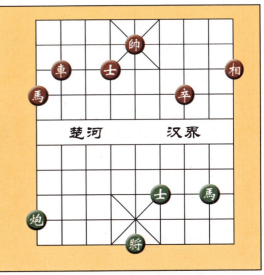

右脑开发 038

+ 难度级别：中级
+ 思考时间：10分钟
+ 得　　分：6分

一笔画

　　仔细观察右侧的一笔画，用4分钟的时间记住它们，然后在纸上画出来。

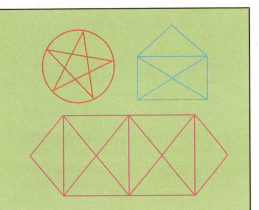

右脑开发 039

- 难度级别：中级
- 思考时间：10分钟
- 得　　分：6分

图形变数字

　　下面是一组图形和与之相对应的数字，请你用5分钟的时间记住它们，然后做后面的测试。

3	6	2	5	4	7
$	正	¥	★	@	♂

测试：请把与下图相对应的数字填出来。

♂	正	★	¥	$	@

右脑开发 040

- 难度级别：中级
- 思考时间：10分钟
- 得　　分：6分

速记挑战

　　请你在5分钟内记住A图，然后遮住它，把B图里缺少的数字写下来，使其与A图完全相同。

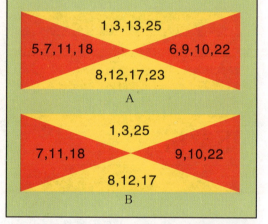

A图：
- 1,3,13,25
- 5,7,11,18
- 6,9,10,22
- 8,12,17,23

A

B图：
- 1,3,25
- 7,11,18
- 9,10,22
- 8,12,17

B

右脑开发 041

- 难度级别：中级
- 思考时间：10分钟
- 得　　分：6分

词语匹配

　　请你在5分钟内记住下面这些相匹配的词语，然后做后面的测试。

- 步枪—房屋
- 篮球—舞蹈
- 蚂蚁—蚂蚁
- 音乐—美术
- 白云—钢琴
- 时间—老虎
- 丝巾—蛋糕
- 电灯—骆驼

测试：在"？"处写上最合适的词语，使两个词语互相匹配。

- 美术—？
- 篮球—？
- 钢琴—？
- ？—丝巾
- ？—舞蹈
- ？—房屋

右脑开发¬
042
十 难度级别：高级
十 思考时间：15分钟
十 得　　分：8分

记忆补图

用5分钟的时间记住第一排图形，然后遮住它们，凭记忆将第二排的图形补充完整，使其与第一排的图形——对应。

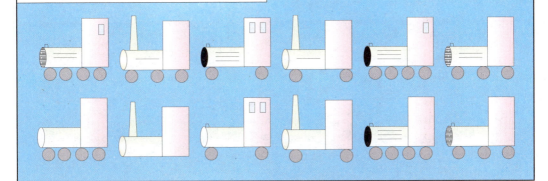

右脑开发¬
043
十 难度级别：高级
十 思考时间：15分钟
十 得　　分：8分

数图记忆

请你用6分钟的时间记住下面的图表，然后做后面的测试。

测试：请不要看图表，回答问题。
①第二行第五个物体是什么？
②图表中有飞机吗？
③灯泡在什么位置？
④圣诞老人在什么位置？
⑤"3D"对应的是什么图片？

A　B　C　D　E　F　G

1

2

3

右脑开发
044

+ **难度级别**：高级
+ **思考时间**：15分钟
+ **得　　分**：8分

用6分钟的时间记住第一排图形，然后遮住它们，把第二排的图形补充完整。

图形补充

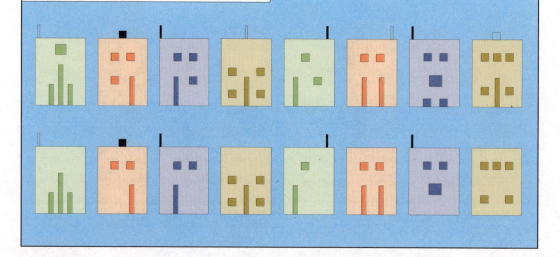

右脑开发
045

+ **难度级别**：高级
+ **思考时间**：15分钟
+ **得　　分**：8分

课程表

用下面的课程表锻炼一下记忆力吧。在6分钟内记住它，然后回答问题。

	星期一	星期二	星期三	星期四	星期五
8:00~9:30	语文	外语	数学	生物	外语
9:50~11:30	地理	生物	语文	政治	历史
13:00~14:30	外语	自修	地理	自修	语文
14:50~16:00	自修	生物	自修	自修	自修

①星期一有生物课吗？
②星期三早上的第一节课是什么？
③每天的第二节课在什么时间结束？
④一周内有几节外语课？

右脑开发
046

+ **难度级别**：高级
+ **思考时间**：15分钟
+ **得　　分**：8分

模仿画图

在6分钟内记住下面这幅漂亮的小图，然后在纸上默画出来。

右脑开发 047

+ **难度级别**：高级
+ **思考时间**：15分钟
+ **得　　分**：8分

数字组合

　　右上角是一组有一定特点的数字。请用6分钟的时间将它们记住，然后做后面的测试。

81823456	83080808	83088080
82113636	82800828	81817210

测试：判断下面的哪几个数字与上面的相同。

82116363	82113636	81814356
81813456	81813465	81817210

右脑开发 048

+ **难度级别**：高级
+ **思考时间**：15分钟
+ **得　　分**：8分

3座天平

　　下面有3座天平，天平的左右两侧各放着不同的物体。请你在7分钟的时间里记住它们，然后回答问题。

①哪座天平上有2个正方形？
②3座天平上共有几个正方形？
③天平B的左右两侧分别是什么图形？
④3座天平上共有几个长方形？

　　A　　　　　　B　　　　　　C

右脑开发 049

+ **难度级别**：高级
+ **思考时间**：15分钟
+ **得　　分**：8分

字母表

　　默记右下角的字母表，限时7分钟，再回答下面的问题。

①字母表中有几个"C"？
②"Q"位于第几行第几列？
③字母表中有"I"吗？
④"E"一共出现几次？
⑤"H"位于第几行第几列？
⑥哪几个字母与"G"相邻？

C	F	A	H	U
A	D	E	J	I
D	G	W	Q	L
E	K	B	D	E

右脑开发 050	难度级别：发烧级
	思考时间：20分钟
	得　　分：10分

重画原图

请你用8分钟的时间记住下面的桃树，然后在纸上默画出来。

右脑开发 051	难度级别：发烧级
	思考时间：20分钟
	得　　分：10分

倒背古诗

将下面的诗诵读7分钟，然后倒背出来。

离离原上草，
一岁一枯荣。
野火烧不尽，
春风吹又生。

右脑开发 052	难度级别：发烧级
	思考时间：20分钟
	得　　分：10分

数图应用

下面是一组数字和与之相对应的图形，请用8分钟的时间记住它们，然后做后面的测试。

0	1	2	3	4	5	6	7	8	9
△	◎	◇	☆	◆	⊙	□	▼	★	▽

测试：请你在下面的空格里，按上图所示，填上相应的图形。

①中华人民共和国是＿＿＿＿年＿＿月＿＿日宣告成立的。

②你的生日是＿＿＿＿年＿＿月＿＿日。

③李渊于＿＿＿＿年建立了唐朝。

④明朝一共有＿＿＿＿位皇帝。

Chapter 02

观察游戏库

现代科学证明，人所获得的信息，有90％以上是通过视觉进入大脑的。所以，一个人要想提高自己的智力，首先必须提高自己的观察能力。做完本章的训练题，如果你的得分在406分以下，那么你需要更多训练来增强观察力；如果你的得分在407~474分之间，那么你属于大多数中的一个；如果你的得分在475~541分之间，那么说明你的观察力非常出色；如果你的得分在542分以上，这意味着你是一个观察力超强的天才！做完本章的游戏，相信你的观察力、判断力、空间感知力等都能得到一定的提高。现在就来做一做吧！

右脑开发 053	难度级别：菜鸟 思考时间：1分钟 得　分：1分

推箱子

　　如果有人站在箱子的右侧，从下到上一层一层往左推箱子，从而使这4层箱子的左侧对齐，那么箱子最终会是什么样子呢？

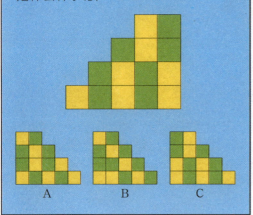

A　　　　B　　　　C

右脑开发 054	难度级别：菜鸟 思考时间：1分钟 得　分：1分

玻璃杯里的吸管

　　三只玻璃杯里放着相同的饮料（见下图）。有三根吸管分别插在里面，但只有一个画面是正确的，请你找出来。

A　　　　B　　　　C

　　对于常见物体的形状，大脑会给我们提供清晰的形象。即使没有这些固定的思维模式，我们的感知功能也将发挥作用。如果不是这样，我们就很难辨认下图中扭曲的形象了。

　　下面就请你来辨认一下这组变形的图片吧。

右脑开发 055	难度级别：菜鸟 思考时间：1分钟 得　分：1分

变形的物体

右脑开发 **056**	✛ 难度级别：热身 ✛ 思考时间：3分钟 ✛ 得　　分：2分

在下面一系列的图片中，每一幅图片都包含有两种不同的画面，你能把它们找出来吗？

奇妙的形象

A

B

C

D

E

F

右脑开发 **057**	✛ 难度级别：热身 ✛ 思考时间：3分钟 ✛ 得　　分：2分

你中有我

下面这两幅图是互相关联的。两幅图中共有4个相同的细节，请你找出来。

右脑开发 **058**	✛ 难度级别：热身 ✛ 思考时间：3分钟 ✛ 得　　分：2分

移竹签

观察下图，如果每次只能拿走一根竹签，但它必须是没有被其他竹签压住的，应该按照怎样的顺序拿？

右脑开发 **059**	✛ **难度级别**：热身 ✛ **思考时间**：3分钟 ✛ **得　　分**：2分

尾巴之间的距离

下图中有A、B、C三只老虎。请你看一看是A与B尾巴之间的距离长，还是B与C尾巴之间的距离长（以尾巴的末端之间距离为准）。

右脑开发 **060**	✛ **难度级别**：热身 ✛ **思考时间**：3分钟 ✛ **得　　分**：2分

变形大魔方

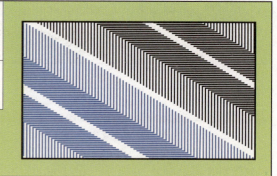

快来看右侧这个有趣的图形。请问，图中相同指向的直线都是平行线吗？

右脑开发 **061**	✛ **难度级别**：热身 ✛ **思考时间**：3分钟 ✛ **得　　分**：2分

粗心的画家

要想画出一幅成功的画作，离不开平时的细心观察。瞧，有个粗心的画家笔下的动物有些地方明显不对，请你快速地找出来。

右脑开发┐
062

＋难度级别：热身
＋思考时间：3分钟
＋得　　分：2分

两组人物

下面是两组人物做运动时的图片。请你仔细观察人物的动作，判断一下他们分别在做什么样的运动。

右脑开发┐
063

＋难度级别：热身
＋思考时间：3分钟
＋得　　分：2分

神秘的黑点

简单的东西有时也能造成最不可思议的神秘现象。凝神看看右图，你会发现在这些正方形间隔的相交处有一个个黑点。再看得仔细一点，你会发现有一处没有黑色的点。

你知道是什么位置吗？

右脑开发┐ **064**	＋难度级别：热身
	＋思考时间：3分钟
	＋得　　分：2分

真假手表

　　下面有两块手表，其中一块是真表，另一块是玩具手表，你能辨认出哪一块是真表吗？

A　　　　　　B

右脑开发┐ **065**	＋难度级别：热身
	＋思考时间：3分钟
	＋得　　分：2分

漂亮的小鱼

　　下面是一条由不同的三角形拼成的小鱼，请你仔细观察这条漂亮的小鱼，数一数它的身体里一共有多少个三角形。

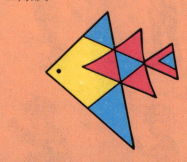

右脑开发┐ **066**	＋难度级别：热身
	＋思考时间：3分钟
	＋得　　分：2分

空缺的图案

　　要把例图补充完整，应该从A至D中选择哪一个呢？

例图

A

C

B

D

右脑开发
067

＋难度级别：初级
＋思考时间：5分钟
＋得　　分：5分

莎莎去诊所

有一天，莎莎去乡下看望外婆。可外婆突然生病了，莎莎便自告奋勇地去买药。乡下的诊所离外婆家非常远，而且道路错综复杂，你能帮莎莎找出正确的道路吗？

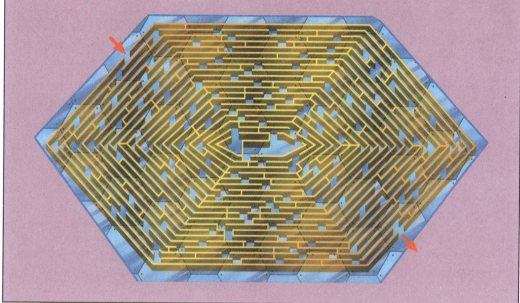

右脑开发
068

＋难度级别：初级
＋思考时间：5分钟
＋得　　分：5分

蜜蜂找路

有一个由36间六边形蜂房构成的蜂巢。现在有一只蜜蜂，它从右边最外层的一间蜂房（即图上的"无"字）出发，对所有的蜂房全部"视察"一遍，最后走到一间标着"头"字的蜂房为止。它只能按相邻的蜂房走，不能跨越，也不能重复，还要小心跌入中间无法自拔的黑洞。有趣的是，将代表每间蜂房的汉字串连起来，正好是南唐李煜的一首词。

你能在图上画出蜜蜂所走的路线吗？

清 深 桐 梧
秋 锁 院 寂 寞
还 剪 不 钩 月 西
乱 理 断 ⬡ 如 楼 上
是 愁 别 是 言 独
离 心 一 番 无
头 在 味 滋

右脑开发┐
069

+ 难度级别：初级
+ 思考时间：5分钟
+ 得　　分：5分

完整的圆

　　从A、B、C、D中选出一幅图，使它能和例图拼出一个完整的圆。

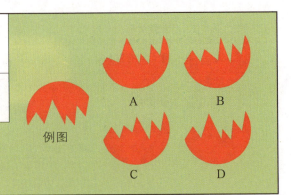

右脑开发┐
070

+ 难度级别：初级
+ 思考时间：5分钟
+ 得　　分：5分

雨伞

　　看，下面的这把雨伞多漂亮啊！如果从上空俯视它，会看到什么样的图案呢？请把正确的图案找出来。

A　　　　B　　　　C　　　　D

右脑开发┐
071

+ 难度级别：初级
+ 思考时间：5分钟
+ 得　　分：5分

去同学家

　　傍晚，李琳去同学张娜家玩。出发前，张娜打电话告诉李琳："你出门后碰到一棵小树往西走，很快就到我家了。"

　　请你结合右图判断一下，李琳能很快找到张娜家吗？

右脑开发┐
072

＋**难度级别**：初级
＋**思考时间**：5分钟
＋**得　　分**：5分

挑战眼力

下图中，有一个图形与其他的不同，请找出来。

A

B

C

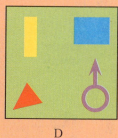

D

E

右脑开发┐
073

＋**难度级别**：初级
＋**思考时间**：5分钟
＋**得　　分**：5分

挑钥匙

有一天，王亮把家里大门的钥匙和其他钥匙弄混了。

已知大门钥匙是两把相同的钥匙，你能尽快从下面这堆钥匙中将它们找出来吗？

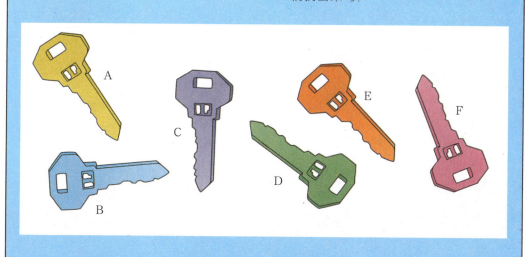

右脑开发¬ **074**	＋**难度级别**：初级
	＋**思考时间**：5分钟
	＋**得　分**：5分

不一样的音符

　　观察下面这组音符，找出一个与众不同的音符。

右脑开发¬ **075**	＋**难度级别**：初级
	＋**思考时间**：5分钟
	＋**得　分**：5分

数正方形

　　数一数下图中一共有多少个正方形，不要漏数哦！

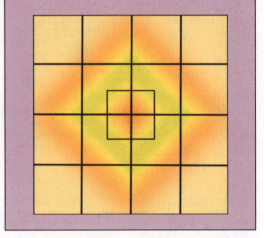

右脑开发¬ **076**	＋**难度级别**：初级
	＋**思考时间**：5分钟
	＋**得　分**：5分

折叠的立方体

　　如果把例图折叠成一个立方体，会形成什么样的图案呢？请你从A至E中选出正确的图案。

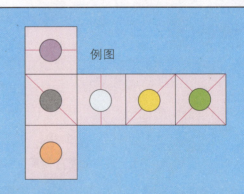

例图

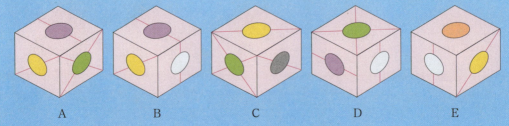

右脑开发 077

+ 难度级别：初级
+ 思考时间：5分钟
+ 得　　分：5分

试眼力

　　有个人去拜一位有名的神箭手学箭。神箭手拿出一幅箭靶图，说："如果你能在5分钟内找出一幅合适的小图将大图补全，我就收你为徒。"

　　那个人看得眼花缭乱，当然也没有拜成师傅。

　　请你来试一试吧。

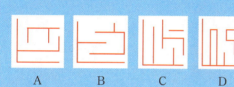

A　　B　　C　　D

右脑开发 078

+ 难度级别：中级
+ 思考时间：10分钟
+ 得　　分：6分

橡皮圈

　　下面是从不同角度看到的同一个立方体，立方体上绕着红色橡皮圈。请问，一共有多少根橡皮圈？

右脑开发 079

+ 难度级别：中级
+ 思考时间：10分钟
+ 得　　分：6分

看到多少个面

　　下图由6个立方体组成，其中有一个立方体隐藏在中间一层的角落里。除去与其他立方体重叠的面，那么你将会看到多少个面呢？

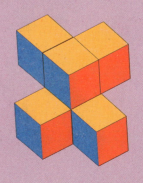

右脑开发
080
+ 难度级别：中级
+ 思考时间：10分钟
+ 得　　分：6分

相似的机器人

　　这里有两幅机器人的图片，共有9处不同，请把它们全部找出来。

A

B

右脑开发
081
+ 难度级别：中级
+ 思考时间：10分钟
+ 得　　分：6分

分辨图形

　　如图所示：A、B、C、D4个不同的图形，是由1、2、3、4中某几个图形组成的。

　　你能说出A、B、C、D各是由哪些图形组成的吗？

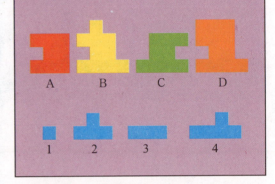

A　　　B　　　C　　　D

1　　　2　　　3　　　4

右脑开发
082
+ 难度级别：中级
+ 思考时间：10分钟
+ 得　　分：6分

选一选

　　哪一个图形可以拼叠成正方体？请你找出来。

A　　　B

C　　　D

右脑开发 **083**	╋ **难度级别**：中级 ╋ **思考时间**：10分钟 ╋ **得　　分**：6分

视觉干扰

下面的词语显示的颜色与词语本身并不一致。请你排除这些词语的干扰，只读每个词语显示的颜色，看看你能够连续读对多少个。

红色　蓝色　绿色　黄色

蓝色　黄色　蓝色　红色

绿色　黄色　红色　红色

绿色　黄色　绿色　红色

右脑开发 **084**	╋ **难度级别**：中级 ╋ **思考时间**：10分钟 ╋ **得　　分**：6分

公共汽车的方向

这道题是这样的：图中有辆公共汽车，有A和B两个汽车站。问：公共汽车现在是要驶往A车站，还是驶往B车站？

这是美国智力趣题专家奇尔出的一道观察力测试题，这道题曾难倒了无数成年人，但一些聪明的少年却轻而易举地解开了难题。

右脑开发 **085**	╋ **难度级别**：中级 ╋ **思考时间**：10分钟 ╋ **得　　分**：6分

漂亮的手链

晨晨用珠子穿了5条漂亮的手链，这些手链看起来很相似，但是有一条与其他的明显不同。请你仔细观察这些手链，把与众不同的手链找出来。

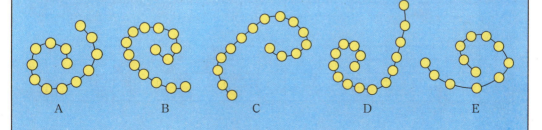

A　　　　B　　　　C　　　　D　　　　E

034 | 世界名校优等生都在做的思维训练

右脑开发 086
+ 难度级别：中级
+ 思考时间：10分钟
+ 得　　分：6分

影子游戏

两个小朋友在房间里玩耍，明亮的灯光照出了他们的影子。看看下面图片中的影子，你能分辨出哪一组是两个小朋友的吗？把它挑出来吧。

右脑开发 087
+ 难度级别：中级
+ 思考时间：10分钟
+ 得　　分：6分

图形叠加

标号为1~4的4个图形叠加在一起时，能够组成A~D中的哪一个图案？开动脑筋想一想，从4个选项中选出正确的答案。

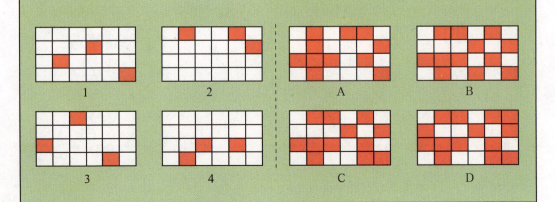

右脑开发
088

＋难度级别：中级
＋思考时间：10分钟
＋得　　分：6分

不对称的图形

智力竞赛开始了，主持人亮出一个题板，让参赛者抢答。这道题目是找出4幅图中与其他几幅都不对称的图。到底是哪一幅图呢？

A　　　　　B　　　　　C　　　　　D

右脑开发
089

＋难度级别：中级
＋思考时间：10分钟
＋得　　分：6分

走出迷宫

下面是一个箭头指向迷宫。从起点到终点，你只能沿箭头所指的方向前进。请你数一数，能带你走出迷宫的路线一共有多少条呢？

出发

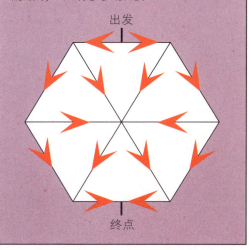

终点

右脑开发
090

＋难度级别：中级
＋思考时间：10分钟
＋得　　分：6分

参观博物馆

李丽去参观艺术博物馆。这座博物馆有9个房间，A是入口，B是出口。她想尽可能减少转弯的次数，将各个房间走遍，你能帮她设计一条最理想的参观路线吗？

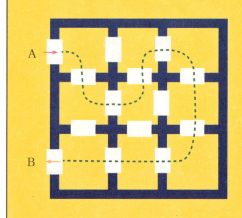

右脑开发┐ 091

+ **难度级别**：中级
+ **思考时间**：10分钟
+ **得　　分**：6分

相邻的扇形

　　下面有7个六边形，这些图形只能旋转，但不能移动位置。请转动这些六边形，使每个六边形与相邻六边形的扇形部分颜色相同。

右脑开发┐ 092

+ **难度级别**：中级
+ **思考时间**：10分钟
+ **得　　分**：6分

立体图形

　　根据立体图形的透视原理，你能判断出下面的图形是由多少块积木堆砌而成的吗？

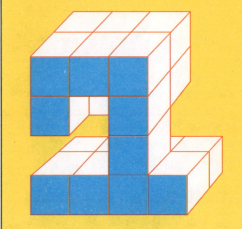

右脑开发┐ 093

+ **难度级别**：中级
+ **思考时间**：10分钟
+ **得　　分**：6分

折叠小游戏

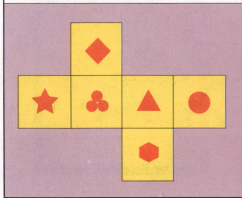

　　请问，下面的平面图不能折成哪个立方体？

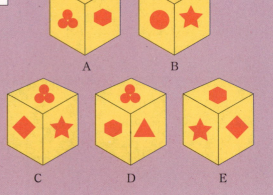

A　　B

C　　D　　E

右脑开发
094

＋**难度级别**：中级
＋**思考时间**：10分钟
＋**得　　分**：6分

完全吻合

A、B、C、D、E5个图形中，哪一个可以和绿色图形拼合成一个正方形？

A　　　　B　　　　C　　　　D　　　　E

右脑开发
095

＋**难度级别**：中级
＋**思考时间**：10分钟
＋**得　　分**：6分

公路迷宫

　　下面是一条纵横交错的公路，从出发点到终点共需走3次。第一次不能经过红色方格，第二次不能经过绿色方格，第三次则要避开蓝色方格。
　　快来走走这个有趣的迷宫吧。

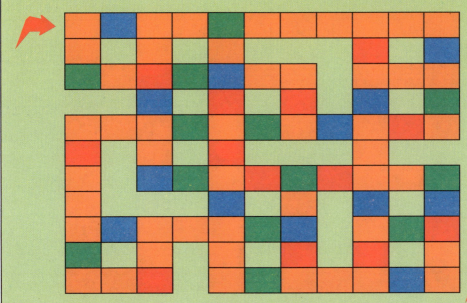

右脑开发┐
096
╋ 难度级别：中级
╋ 思考时间：10分钟
╋ 得　　分：6分

骰子点数

　　有3个并列摆放的骰子，我们能看到其中7面的点数，有其他11面的点数看不到。请你根据可视的7面，判断出其他11面的点数之和是多少。

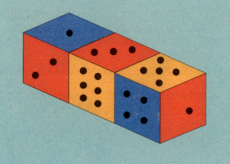

右脑开发┐
097
╋ 难度级别：中级
╋ 思考时间：10分钟
╋ 得　　分：6分

寻找五角星

　　下图中藏着一颗漂亮的五角星，你能找到它吗？

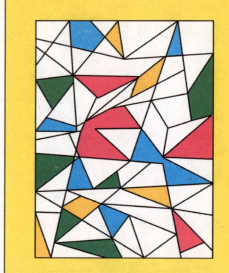

右脑开发┐
098
╋ 难度级别：中级
╋ 思考时间：10分钟
╋ 得　　分：6分

折叠卡片

　　如果沿虚线折叠下面的卡片，那么最终会叠出哪个图形呢？

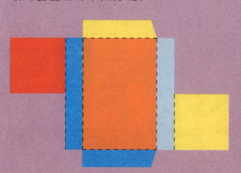

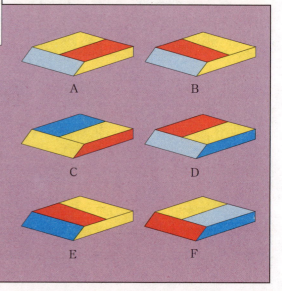

右脑开发
099

＋难度级别：中级
＋思考时间：10分钟
＋得　　分：6分

换个角度看世界

　　下面是一些简单却很奇怪的图画。想要看明白它们，你得稍微改变一下老眼光，这样才能找到答案。你知道这些图画表达的是什么吗？

A

B

C

右脑开发
100

＋难度级别：中级
＋思考时间：10分钟
＋得　　分：6分

图形迷阵

　　下面的图形中，每条边只能沿一个方向前进。请你找出一条可以经过6个点的路线。

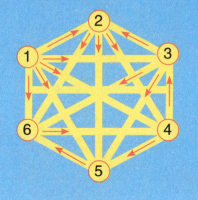

右脑开发
101

＋难度级别：中级
＋思考时间：10分钟
＋得　　分：6分

拼单词

　　下面有15块拼图，你能把它们拼成单词"SHE"吗？

右脑开发┐
102
+ 难度级别：中级
+ 思考时间：10分钟
+ 得　　分：6分

补充图形

请问，A~F中哪个图形是例图缺少的部分？

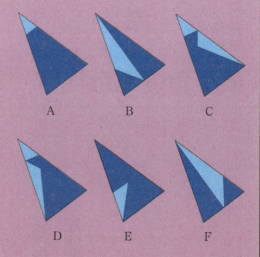

A　　B　　C

D　　E　　F

右脑开发┐
103
+ 难度级别：中级
+ 思考时间：10分钟
+ 得　　分：6分

分割立方体

下图是一个六面呈金黄色的立方体，有人从纵横方向将它均匀分割成27个小立方体。想一想符合下列条件的小立方体各有多少？

①3面呈黄色。　②2面呈黄色。
③1面呈黄色。　④无色。

右脑开发┐
104
+ 难度级别：中级
+ 思考时间：10分钟
+ 得　　分：6分

四色轮盘

从底部任意一种颜色的方格出发，走到中心。注意走时必须遵循相同的颜色顺序（例如：红黄蓝绿、绿红蓝黄或其他），并且只能上下或左右移动，不能斜向移动。应该怎么走呢？

右脑开发 **105**	+ **难度级别**：中级
	+ **思考时间**：10分钟
	+ **得　分**：6分

相同的栅栏

　　下图中有两个栅栏是一模一样的，你能把它们找出来吗？

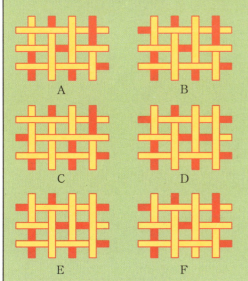

A

B

C

D

E

F

右脑开发 **106**	+ **难度级别**：中级
	+ **思考时间**：10分钟
	+ **得　分**：6分

玩花样的珠宝商

　　珍妮拿着一个镶有珍珠的坠饰（如下图）来找珠宝商修理。她反复叮嘱珠宝商："坠饰上的珍珠从上往下数共有13颗，从上向左数也是13颗，向右数还是13颗。"

　　然而，坠饰修好后，珠宝商悄悄地摘掉了两颗珍珠。珍妮取货时仍然按原来的数法数，没有发现珍珠变少，就放心地离开了。

　　请问，珠宝商到底玩了什么花招欺骗珍妮？

右脑开发 **107**	+ **难度级别**：中级
	+ **思考时间**：10分钟
	+ **得　分**：6分

镜中的倒影

　　仔细观察下图，你能判断出哪一个小气球是大气球在镜中的影像吗？

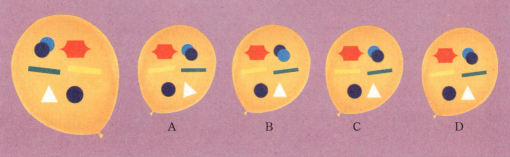

A

B

C

D

右脑开发┐
108

+ 难度级别：中级
+ 思考时间：10分钟
+ 得　　分：6分

去动物园

　　李明去动物园玩，他既想看到所有的动物，又不想走重复的路。你能帮他设计一下路线吗？

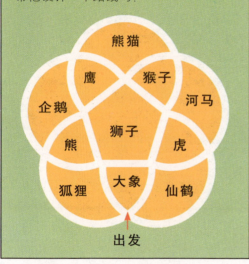

熊猫　鹰　猴子　河马　企鹅　狮子　熊　虎　狐狸　大象　仙鹤

出发

右脑开发┐
109

+ 难度级别：中级
+ 思考时间：10分钟
+ 得　　分：6分

折叠纸盒

　　请你判断一下，A～D中哪一个盒子不是用下面展开的硬纸折成的。

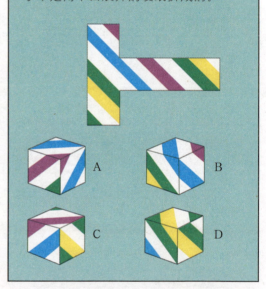

A　　B　　C　　D

右脑开发┐
110

+ 难度级别：中级
+ 思考时间：10分钟
+ 得　　分：6分

住在哪幢楼

　　丽丽第一次去小姨家玩。临走前，妈妈给她画了一张小姨家的位置图。可到了小姨家所在的小区，丽丽却忘记具体是哪一幢楼了。她赶紧给小姨打电话询问，小姨在电话中告诉她："我家的楼北面不是红色的楼，南面不与绿色的楼相邻，东面、西面都与蓝色的楼相邻。"

　　丽丽听了她的话，看着密集的楼盘不知所措。

　　你能帮丽丽快速地找到小姨家吗？

北
西　东
南

　　1　2　3　4　5　6　7　8　9　10
A
B
C
D
E
F

右脑开发 **111**	+ **难度级别**：中级
	+ **思考时间**：10分钟
	+ **得　　分**：6分

阴影比大小

　　仔细观察下面的两幅图，比较一下，哪幅图上的阴影部分大一些。

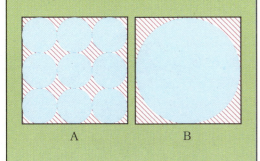

A　　　　　　　B

右脑开发 **112**	+ **难度级别**：中级
	+ **思考时间**：10分钟
	+ **得　　分**：6分

放棋子

　　将16枚棋子放入下面的棋盘格中，使每行、每列和每条斜线上都不包含3枚棋子。

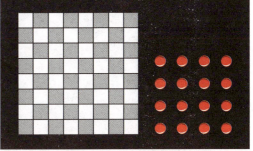

右脑开发 **113**	+ **难度级别**：中级
	+ **思考时间**：10分钟
	+ **得　　分**：6分

线条涂色

　　下图的框架共分成18个部分，每部分都涂有不同的颜色。分开的部分可能与连在一起时方向不同，但它们均不重叠。请你根据分开的部分，将白色框架上的各部分涂上相应的颜色。

右脑开发
114

+ 难度级别：中级
+ 思考时间：10分钟
+ 得　　分：6分

走到S点

　　请你从A点走到S点，前进的规则是，前一个图形与下一个图形的形状或颜色必须相同。

　　应该怎么走呢？

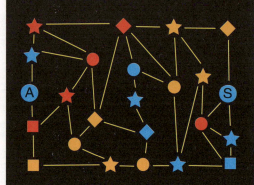

右脑开发
115

+ 难度级别：中级
+ 思考时间：10分钟
+ 得　　分：6分

一笔画九点

　　图中有9个点，你能用4条直线一笔将它们连起来吗？

右脑开发
116

+ 难度级别：中级
+ 思考时间：10分钟
+ 得　　分：6分

机器甲虫

　　下面的机器甲虫中，有两只是完全一样的，你能快速地找出来吗？

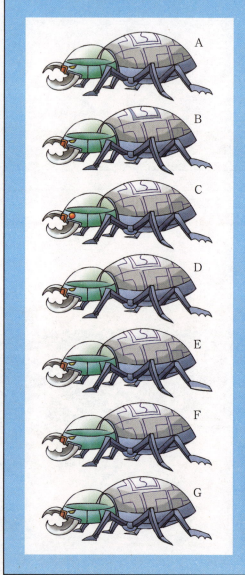

右脑开发┐
117

＋难度级别：中级
＋思考时间：10分钟
＋得　　分：6分

颜色相对

　　如果把下面的卡片叠成立方体，那么哪两个颜色的面相对？

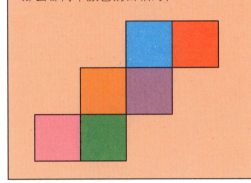

右脑开发┐
118

＋难度级别：中级
＋思考时间：10分钟
＋得　　分：6分

转骰子

　　仔细观察下图第一排的两颗骰子，注意相邻各面的颜色和图案。另外，不要忘记有些部分是看不见的。请你判断一下，哪一颗骰子在转动后会成为第二排两颗骰子中的一颗。

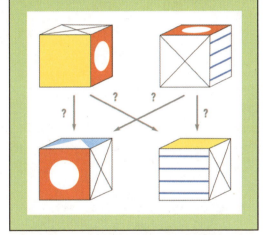

右脑开发┐
119

＋难度级别：中级
＋思考时间：10分钟
＋得　　分：6分

拼图游戏

　　下面被打乱的拼图中，哪一块不属于例图？

例图

右脑开发┐
120

+ 难度级别：中级
+ 思考时间：10分钟
+ 得　　分：6分

垒积木

明明用相同的积木垒一个立方体。请你仔细观察他垒好的图形，并判断一下，他还需要多少块积木才能垒成立方体？

右脑开发┐
121

+ 难度级别：中级
+ 思考时间：10分钟
+ 得　　分：6分

福尔摩斯的房间

这是大名鼎鼎的侦探福尔摩斯的房间，不过这个房间里有一些古怪之处。你能找出12处不合常理的地方吗？

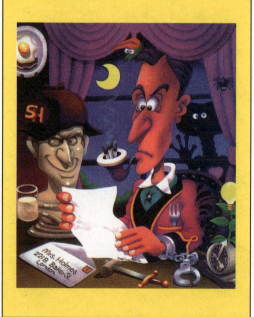

右脑开发┐
122

+ 难度级别：中级
+ 思考时间：10分钟
+ 得　　分：6分

魔女密室

这是小魔女眉眉的密室，请你找出13处怪异的地方。

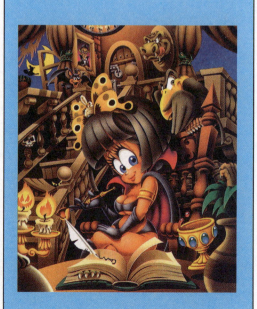

右脑开发┑ **123**	╋ **难度级别**：中级
	╋ **思考时间**：10分钟
	╋ **得　　分**：6分

城市迷宫

有一天，王亮开车出远门，途中经过了一座陌生的城市。这座城市的街道错综复杂，王亮走着走着就迷路了。请你指出一条路线，帮他顺利地走出这座城市。

↑出口

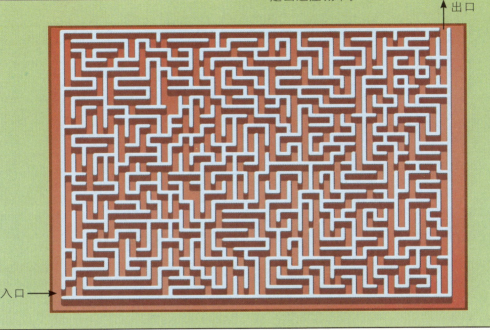

入口 →

右脑开发┑ **124**	╋ **难度级别**：中级
	╋ **思考时间**：10分钟
	╋ **得　　分**：6分

真假机器人

右图中，有两个相同的真机器人，也有两个假机器人，而假机器人和真机器人不一样。请你仔细对照，把两个假机器人找出来。

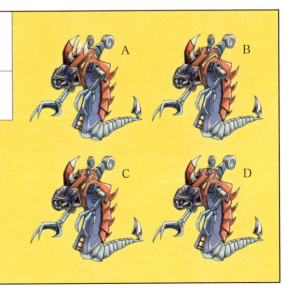

A

B

C

D

右脑开发┐
125

+ 难度级别：中级
+ 思考时间：10分钟
+ 得　　分：6分

粉刷匠

有个粉刷匠正在粉刷墙壁。请你观察下面的8个图案，找出哪一个是辊子印出来的。

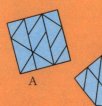
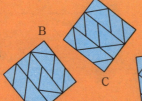
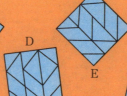

A B C D E F G H

右脑开发┐
126

+ 难度级别：中级
+ 思考时间：10分钟
+ 得　　分：6分

涂色

请将下面的时钟涂上颜色，要求相邻的空格不能涂同一种颜色，最多可以使用4种不同的颜色。

你知道应该如何涂色吗？

右脑开发┐
127

+ 难度级别：中级
+ 思考时间：10分钟
+ 得　　分：6分

立方体

下图是一个由若干个形状相同的小长方体堆积成的大立方体。请你判断一下，这个大立方体是由多少个小长方体搭建而成的。

右脑开发¬ **128**	✛ **难度级别**：中级
	✛ **思考时间**：10分钟
	✛ **得　　分**：6分

画卡片

　　A、B、C、D4个图案，分别是4张卡片在太阳照射下所留下的影子。请你根据这4个影子的形状，将4张卡片一一画出来。

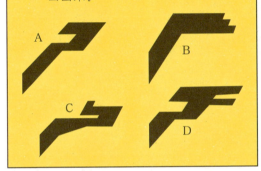

右脑开发¬ **129**	✛ **难度级别**：中级
	✛ **思考时间**：10分钟
	✛ **得　　分**：6分

巧摆棋子

　　请将20枚棋子摆放进棋盘里，使每一横行、竖行和对角线上都有两枚棋子。

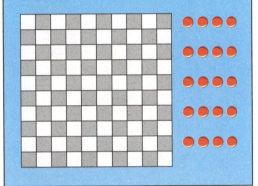

右脑开发¬ **130**	✛ **难度级别**：中级
	✛ **思考时间**：10分钟
	✛ **得　　分**：6分

英语迷宫

　　如果你能在图中找出一条适当的路线，就能发现图中的英文字母可以组成一句经典的谚语。

　　快来试试吧！

a	f	r	i	n	i	s
d	e	i	d	n	d	a
d	e	e	n	e	e	f
n	i	d	n	e	i	r

右脑开发┐
131
┼ 难度级别：中级
┼ 思考时间：10分钟
┼ 得　分：6分

打网球

　　明浩特别喜欢打网球，他打网球时动作敏捷潇洒，引来很多人驻足观看，同学们还为他画了不少画像呢。下面是同学们根据他的背影画的正面像，到底哪一个画得对呢？

右脑开发┐
132
┼ 难度级别：中级
┼ 思考时间：10分钟
┼ 得　分：6分

排除路障

　　赛场上设有很多路障（见图中的白点），请你从起点出发，将这些路障一一排除，但不能走重复的路。
　　现在就出发吧！

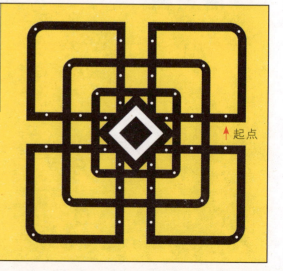

↑起点

右脑开发┐
133

+ 难度级别：中级
+ 思考时间：10分钟
+ 得　　分：6分

异样的立方体

　　右图有4个立方体，其中有3个是完全一样的，另一个有点异样。你能把这个异样的立方体找出来吗？

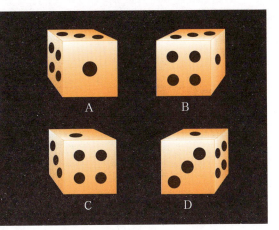

右脑开发┐
134

+ 难度级别：中级
+ 思考时间：10分钟
+ 得　　分：6分

图形拼合

　　仔细观察下面的6个图形，将它们拼合成3个完整的方块。

　　应该怎么拼合呢？

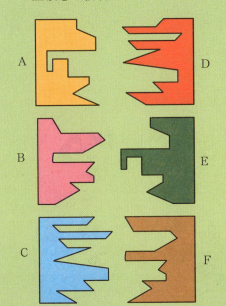

右脑开发┐
135

+ 难度级别：中级
+ 思考时间：10分钟
+ 得　　分：6分

哪张牌放错了

　　小丁把9张黑桃扑克牌按照下图的样子每3张分成1组，可是其中有1张牌放错了。你知道是哪张牌吗？

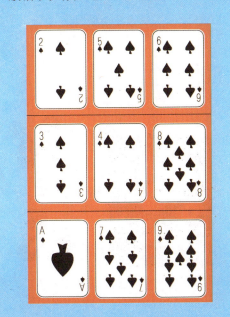

右脑开发
136

+ 难度级别：中级
+ 思考时间：10分钟
+ 得　　分：6分

丽丽的家

例图中画的是丽丽家的平面图。请你从A、B、C、D4座房子中，找出丽丽的家。

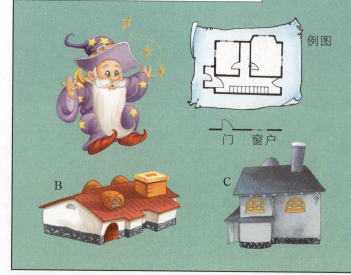

门　　窗户

右脑开发
137

+ 难度级别：中级
+ 思考时间：10分钟
+ 得　　分：6分

找底片

下图中有6只小狗，你能说出哪一只小狗的底片是例图的图案吗？（注意：在底片上，凡现实中黑色的东西显示成白色，而现实中白色的东西则显示成黑色。）

例图

右脑开发┐
138

+ **难度级别**：中级
+ **思考时间**：10分钟
+ **得　　分**：6分

二十面体

　　右图是一个二十面体，上面共有12个顶点。请你沿着黑色线条一次性经过所有的顶点，并且每个顶点只能经过一次，最后回到出发点。

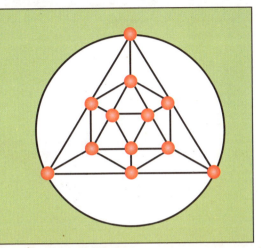

右脑开发┐
139

+ **难度级别**：中级
+ **思考时间**：10分钟
+ **得　　分**：6分

俯视图

　　下面的例图是A、B、C、D4套杯具中某一套杯具的俯视图，它到底是哪套杯具的俯视图呢？请你指出来。

A　　　　　B　　　　　C　　　　　D　　　　　例图

右脑开发┐
140

+ **难度级别**：中级
+ **思考时间**：10分钟
+ **得　　分**：6分

与众不同的天平

　　这里有4座天平，其中一座与其他不同，区别不在于形状，而在于紫砖、绿砖的重量。

　　你能找出是哪一座吗？

A　　　　　B　　　　　C　　　　　D

右脑开发 **141**	╋ 难度级别：中级
	╋ 思考时间：10分钟
拼一拼	╋ 得 分：6分

下面5个图形中，哪3个可以拼成一个正方体？

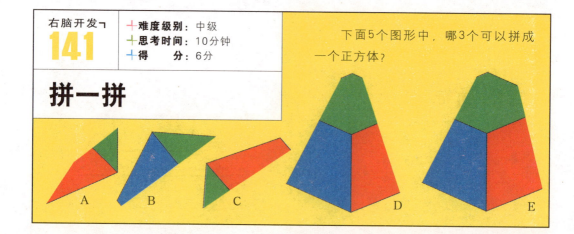

右脑开发 **142**	╋ 难度级别：中级
	╋ 思考时间：10分钟
遗迹迷宫	╋ 得 分：6分

乐乐在山上发现一处古代建筑遗址，里面有很多宝物。请你帮助乐乐一次拿到所有宝物，然后走出迷宫。记住，路线不能重复。

入口

+ 难度级别：中级
+ 思考时间：10分钟
+ 得　　分：6分

折纸游戏

　　将正方形的纸沿虚线对折，再折成三等分（如下图）。将阴影部分剪掉，展开后会是A、B、C、D中哪一个图形？

A　　　　B

C　　　　D

+ 难度级别：中级
+ 思考时间：10分钟
+ 得　　分：6分

没出现的图形

　　仔细观察图形A、B、C、D，找出它们中的哪一个没有出现在下方的大图之中。

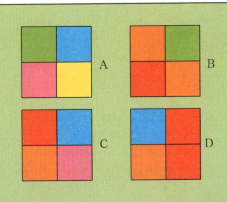

A　　B　　C　　D

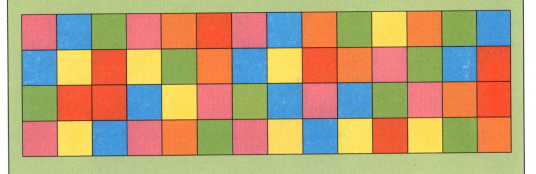

右脑开发 **145**

+ 难度级别：中级
+ 思考时间：10分钟
+ 得　分：6分

重组成语

这是一个常见的成语，只是其中每个字的偏旁部首都被分解、打乱了。请你把它们重新排好，恢复这个成语的原状。

右脑开发 **146**

+ 难度级别：中级
+ 思考时间：10分钟
+ 得　分：6分

不相交的路线

5个小朋友分别去探望他们各自的同学。现在要求5个小朋友所走的路线完全不能相交。（注：5个小朋友住的房子和他们的同学住的房子字母编号是一样的，分别是A、B、C、D、E。）

那么，他们到底应该怎么走呢？

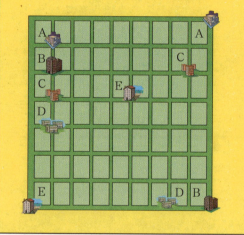

右脑开发 **147**

+ 难度级别：中级
+ 思考时间：10分钟
+ 得　分：6分

神秘的机器人

在A、B、C三幅图中，有两幅图能组成与样图相同的机器人图案，你能迅速找出是哪两幅吗？

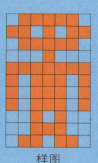

样图

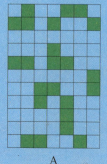

A

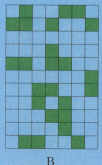

B

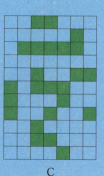

C

右脑开发
148
难度级别：中级
思考时间：10分钟
得　　分：6分

送通知

　　某旅游团共21名游客入住W酒店。为了向游客们传达最新的时间安排，导游需要把通知送到住在各房间的游客手中。

　　你能帮导游设计一条最短且不重复的路线吗？

右脑开发
149
难度级别：中级
思考时间：10分钟
得　　分：6分

折叠立方体

　　观察下面的5幅图，其中有一个不能折成立方体，你能把它找出来吗？

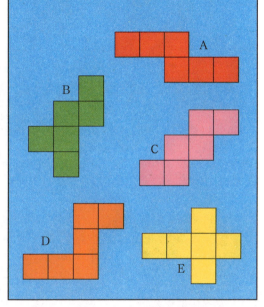

右脑开发
150
难度级别：中级
思考时间：10分钟
得　　分：6分

识别图形

　　下列图形之间多数都有关联性，而有一个是与众不同的，你知道是哪一个吗？

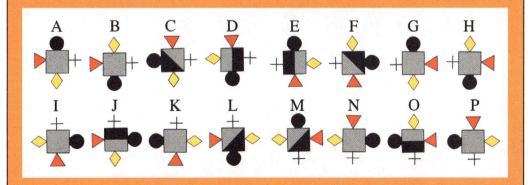

右脑开发┐
151
╋ 难度级别：高级
╋ 思考时间：15分钟
╋ 得　　分：8分

颜色相同

希哲正在玩拼图，他想把编号为A～F的六边形放进空白的大图里，使得每个六边形相互接触的边颜色相同。但是，希哲拼了半天也没有成功，你能帮帮他吗？

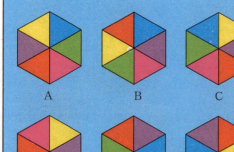

A　B　C

D　E　F

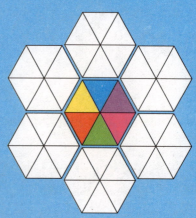

右脑开发┐
152
╋ 难度级别：高级
╋ 思考时间：15分钟
╋ 得　　分：8分

视觉印象

图片A～E中，哪一个与众不同？请把它找出来。

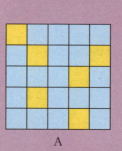

A　B

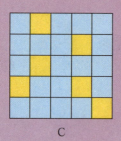

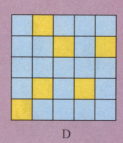

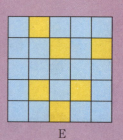

C　D　E

右脑开发
153
+ **难度级别**：高级
+ **思考时间**：15分钟
+ **得　　分**：8分

祝福语

下面两幅图里共有两个单词，合起来就是一句祝福语。请你把它们拼起来，看看这句祝福语到底是什么。

右脑开发
154
+ **难度级别**：高级
+ **思考时间**：15分钟
+ **得　　分**：8分

空白的魔方

请将25个色块填入空白的魔方中，使每种颜色在每行、每列、每条斜线上都只出现一次。

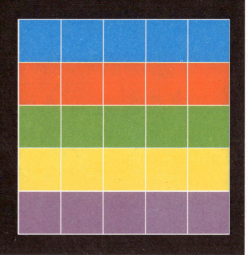

右脑开发 **155**
+ 难度级别：高级
+ 思考时间：15分钟
+ 得　　分：8分

镜像难题

下面是一道有关镜像的难题。请你根据规律，找出A、B、C、D中与众不同的选项。（提示：镜像与实物大小相等，形状相同，但方向相反。）

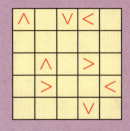

A　　　　B　　　　C　　　　D

右脑开发 **156**
+ 难度级别：高级
+ 思考时间：15分钟
+ 得　　分：8分

六边形涂色

请将右图里的小六边形分别涂上蓝、红、黄、绿4种颜色，使得每种颜色的六边形至少有3个，每个蓝色六边形都正好与2个黄色六边形相接，每个绿色六边形都正好与3个红色六边形相接。你知道应该怎么涂吗？

右脑开发
157

＋ **难度级别**：高级
＋ **思考时间**：15分钟
＋ **得　　分**：8分

圣诞教堂

　　圣诞节到了，小旺达去参观美丽的圣诞教堂。教堂里的路特别难走，小旺达在教士的指引下才顺利地走了出去。

　　你也按照小旺达的路线畅游一下圣诞教堂吧。

右脑开发┐
158

＋**难度级别**：高级
＋**思考时间**：15分钟
＋**得　　分**：8分

两张照片

下面是一家人郊游时从正面和背面拍摄的两张照片。请你仔细观察这两张照片，找出其中不一样的地方。

右脑开发┐
159

＋**难度级别**：高级
＋**思考时间**：15分钟
＋**得　　分**：8分

六边形棋盘格

请将7枚棋子放入右面的棋盘格里，使得每行、每列、每条斜线上都不会有两枚棋子同时出现。

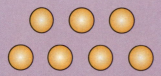

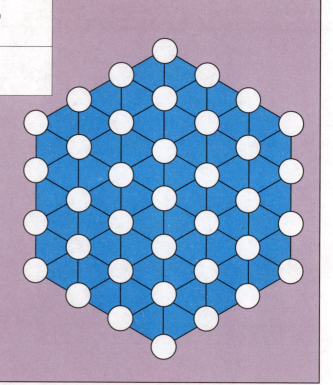

右脑开发
160

+ 难度级别：高级
+ 思考时间：15分钟
+ 得　　分：8分

眼力大考验

　　卡特拍了很多人物的剪影，其中有三个完全相同的剪影是他的好友露丝。请问，你能从众多的剪影里找出露丝吗？

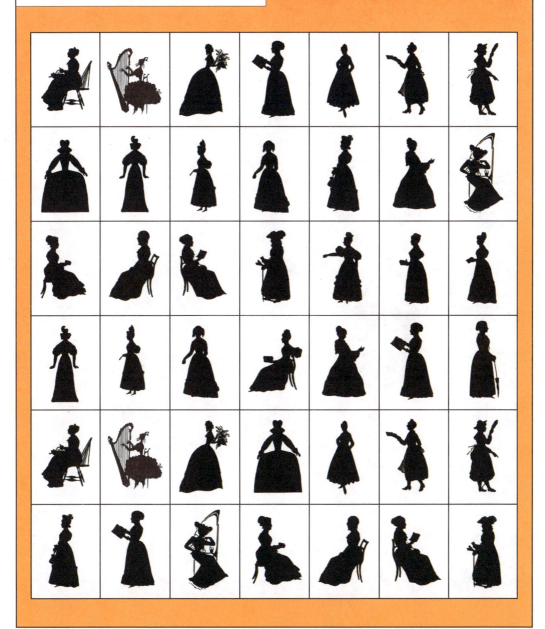

世界名校优等生都在做的思维训练

右脑开发

161

+ 难度级别：高级
+ 思考时间：15分钟
+ 得　分：8分

隐藏的人

在下面的图中，我们能清楚地看到很多人。但是有10个人却在隐蔽处，只有通过各种细节才能推断出他们的存在。

你能找出这些隐藏的人吗？

右脑开发

162

+ 难度级别：高级
+ 思考时间：15分钟
+ 得　分：8分

谁多余

将图片A～H按一定的顺序放进例图里，就会形成一个正方形。但其中有一幅图片是多余的，你能找出来吗？

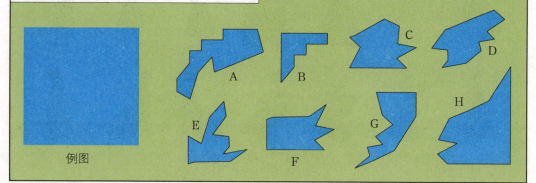

例图

右脑开发┑ **163**	┿ 难度级别：高级
	┿ 思考时间：15分钟
	┿ 得　　分：8分

相同的图案

请你观察下面三幅图，从各图中找出10处相同的图案。（提示：三幅图中有的图片相同，有的图片规律相同，一定要仔细观察、耐心总结规律哦！）

20		●	4	
●	★	11	1	12
⊙	16	★	●	8
2	●		17	5
＊	21	$	3	●

＊	●	1	20	3
5	★	●	4	15
⊙	2	9	●	13
$	16	5	3	●
●	15	2	7	★

●	8	3	13	＊
$	★	22	2	●
⊙	1	9	●	14
2	●	12	★	10
3	5	●	9	7

右脑开发┑ **164**	┿ 难度级别：高级
	┿ 思考时间：15分钟
	┿ 得　　分：8分

漂亮的徽章

请将下面的徽章拼起来，并数一数图中一共有多少枚徽章。（注意：其中有的徽章是成对出现的。）

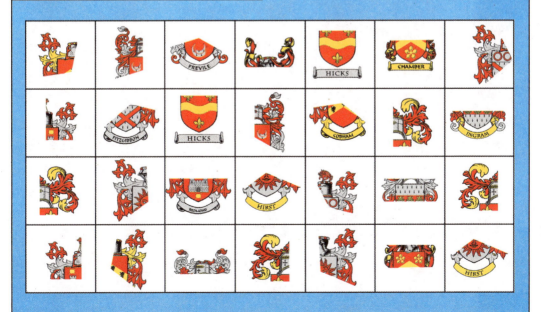

右脑开发
165

+ 难度级别：高级
+ 思考时间：15分钟
+ 得　　分：8分

寻找比利

坏蛋比利把国家机密文件偷走了，两个小侦探悄悄地跟踪他。比利穿过一个复杂的迷宫后躲了起来，你能帮两个小侦探穿过迷宫找到他吗？

右脑开发¬
166

+ **难度级别**：发烧级
+ **思考时间**：20分钟
+ **得　　分**：10分

不断的锁链

请你把本题中的图片拼成一个正方形，注意图片上的链条图案不能中断。

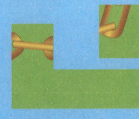

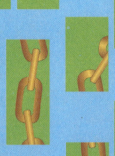

右脑开发¬
167

+ **难度级别**：发烧级
+ **思考时间**：20分钟
+ **得　　分**：10分

图形填充

请把下面的6幅图不重复地放入空白的大方格里，要求6个图形不能重叠，也不能出方格。（提示：6个图形不一定会将空白的大方格填满。）

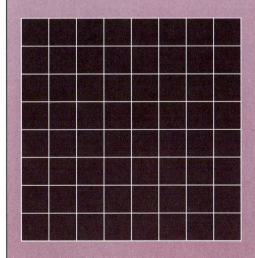
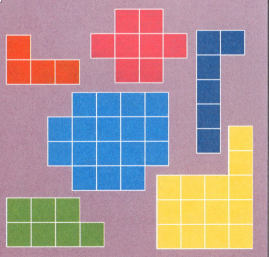

右脑开发
168

+ **难度级别**：发烧级
+ **思考时间**：20分钟
+ **得　　分**：10分

找数字

请在下图中找出一串4个数字，这4个数字满足以下条件：在左右两边的表格内都出现，在水平方向、竖直方向或对角线方向成一条直线。

2	9	4	6	6
1	5	9	6	2
3	8	1	4	7
2	7	6	5	9
3	7	5	7	6

3	2	2	5	4
9	8	4	7	6
4	3	9	6	1
8	4	7	5	7
7	3	1	5	2

右脑开发
169

+ **难度级别**：发烧级
+ **思考时间**：20分钟
+ **得　　分**：10分

放棋子

请将10枚棋子放进右侧的棋盘里，使得每行、每列、每条斜线上都只有一枚棋子。

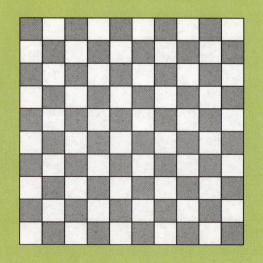

Chapter 03

计算训练营

计算能力是诸多左脑能力的基石。从某种意义上讲，计算能力的高低决定了人的智商高低。要提高计算能力，就请在"计算训练营"里施展你的"拳脚"吧！在本章中，如果你的得分在276分以下，那么表明你的计算能力尚有很大的提升空间；如果你的得分在277~322分之间，那么你和大多数人差不多；如果你的得分在323~369分之间，那么表明你的计算能力相当出色了；如果你的得分在370分以上，那么你肯定是一个计算能力超强的"神算子"！通过本章的训练，相信你的计算能力将会得到极大增强。

左脑开发 170	+ **难度级别**：菜鸟 + **思考时间**：1分钟 + **得　分**：1分

补充数字

请你补充金字塔序列的塔基处的问号所代表的数字。

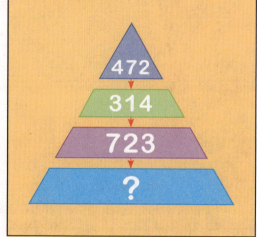

左脑开发 171	+ **难度级别**：菜鸟 + **思考时间**：1分钟 + **得　分**：1分

猜星期几

星期四之后的第一天之前的第四天之后的第二天之前的第一天是星期几？

左脑开发 172	+ **难度级别**：菜鸟 + **思考时间**：1分钟 + **得　分**：1分

选数字

下列数字是按照某种规律排列的，请指出问号处正确的数字。

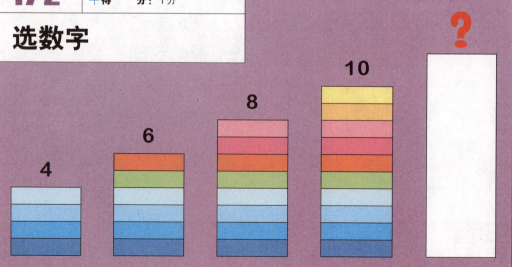

左脑开发 173

- **难度级别**：菜鸟
- **思考时间**：1分钟
- **得　　分**：1分

词语排序

　　请指出下面列出的4个词中哪一个适合填在括号里。

(1) 日，（ ），月，年

| 周 | 世纪 | 小时 | 年 |

(2) 4月，（ ），9月，11月

| 8月 | 5月 | 7月 | 6月 |

(3) 比特，（ ），百万比特，十亿比特

| 千比特　毫微比特　毫比特　三比特 |

(4) 北极，北极圈，（ ），赤道

| 北回归线　南极圈　南极　南回归线 |

(5) 蝙蝠，绵羊，（ ），大象

| 老鼠　　松鼠　　蓝鲸　　马 |

左脑开发 174

- **难度级别**：热身
- **思考时间**：3分钟
- **得　　分**：2分

谁是神枪手

　　桌上摆着4个圆球，呈正方形排列。3个神枪手坐在不远处交谈。A说："我可以连打3枪打碎它们。"B说："我只要2枪就可以解决问题。"C说："我只需1枪。"

　　请你想一想，A、B、C该怎么做，才能击碎全部的圆球呢？

左脑开发 175

+ 难度级别：热身
+ 思考时间：3分钟
+ 得　　分：2分

年龄的排序

　　吉姆有3个孩子A、B、C。A和B的年龄相差3岁，B和C的年龄相差2岁。调查结果表明，A不是长子。

　　请问，这3个孩子的年龄排序到底有几种可能？

左脑开发 176

+ 难度级别：热身
+ 思考时间：3分钟
+ 得　　分：2分

从抽屉拿袜子

　　一个人的抽屉里有53双袜子，其中，29双是蓝的，17双是红的，7双是黑的。灯灭了，一片漆黑。这时候他最少必须拿出多少双袜子才能保证每种颜色的袜子都有一双？

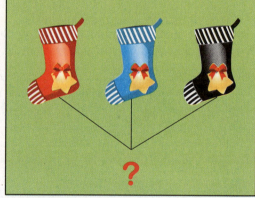

左脑开发 177

+ 难度级别：热身
+ 思考时间：3分钟
+ 得　　分：2分

田忌赛马

　　齐国大将田忌经常与齐王赛马，不过田忌总是输给齐王。田忌的门客孙膑发现，齐王和田忌的马脚力都差不多，可分为上、中、下三等。于是，孙膑对田忌说："您只管下大赌注，我能让您取胜。"田忌相信并答应了他，与齐王用千金来赌胜。最终，田忌赢得了齐王的千金赌注。

你知道孙膑出了什么计策吗？

田忌的马　　　齐王的马

左脑开发┐
178

+ **难度级别**：热身
+ **思考时间**：3分钟
+ **得　　分**：2分

巧挪沙瓶

有3个装有沙子的瓶子和3个空瓶子，排列顺序如图A。现在，请把它们的排列顺序变成图B所示的状态，且一次只能挪动一个瓶子。

请问，最少需要挪动几次？

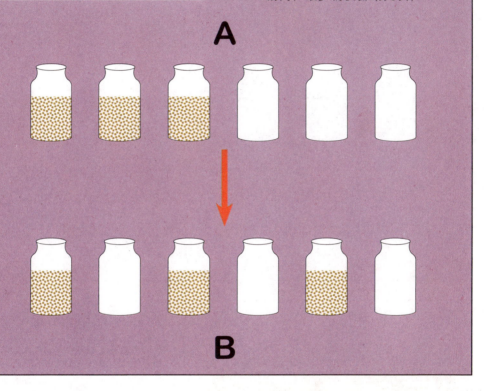

左脑开发┐
179

+ **难度级别**：热身
+ **思考时间**：3分钟
+ **得　　分**：2分

填数字

弟弟用拼图码出了一个奇特的图形（如图），对哥哥说："这些数字都是有规律的，你能猜出最后一张拼图的数字是几吗？"哥哥很快猜了出来。

你能猜出是哪个数字吗？

074 世界名校优等生都在做的思维训练

左脑开发
180

+ 难度级别：热身
+ 思考时间：3分钟
+ 得　　分：2分

胶囊编号

　　小明到姥姥家玩，没有妈妈管着，小明敞开了肚皮吃姥姥做的鸡鸭鱼肉，结果小明吃坏肚子了，只得去医院。医生诊断后给了他10粒胶囊。从今天起，他必须每天吃1粒。每粒胶囊的颜色、形状完全相同，但成分、含量各异。为保证每天所吃的胶囊的次序不乱，小明决定在胶囊上编号。

　　那么，小明最少需要编几个数字呢？

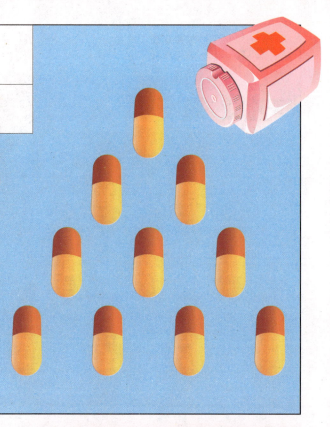

左脑开发
181

+ 难度级别：初级
+ 思考时间：5分钟
+ 得　　分：5分

数字组合

　　下面这3个数字可以组合成多少个不同的三位数？（提示：6可以上下颠倒。）

例：

_____

_____

左脑开发 **182**	难度级别：初级
	思考时间：5分钟
	得　　分：5分

词汇分类测试

　　俗话说，物以类聚。请把下列各组词汇中的"另类分子"找出来。

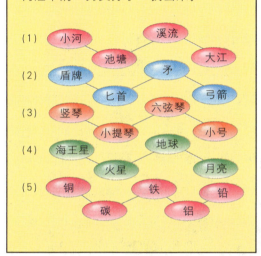

(1) 小河　溪流　池塘　大江

(2) 盾牌　矛　匕首　弓箭

(3) 竖琴　六弦琴　小提琴　小号

(4) 海王星　地球　火星　月亮

(5) 铜　铁　铅　碳　铝

左脑开发 **183**	难度级别：初级
	思考时间：5分钟
	得　　分：5分

解答问号

　　请你仔细想一想，什么数可以代替问号呢？

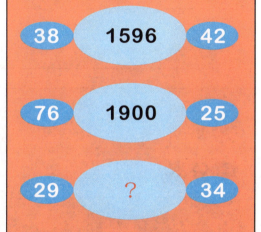

38　1596　42

76　1900　25

29　?　34

左脑开发 **184**	难度级别：初级
	思考时间：5分钟
	得　　分：5分

数字正方体

　　请你先寻找规律，再选出适当的数，补全正方体中问号处的数字。

左脑开发
185
+ 难度级别：初级
+ 思考时间：5分钟
+ 得　　分：5分

圆球填数

魔镜能改变数字的大小，如：20在镜中的影像是4，17在镜中的影像是7……请问最后一组问号该是哪个数？

20	17	14	11	8	?
4	7	10	13	16	?

左脑开发
186
+ 难度级别：初级
+ 思考时间：5分钟
+ 得　　分：5分

填分数

豆豆在地上放了块积木1，明明在上面压了块积木2；豆豆在地上放了块积木2，明明在上面压了块积木4……啊，居然是一个奇妙的分数排列呢。

请问最后一组问号该是哪个分数？

2	4	8	16	32	?
1	2	6	24	120	?

左脑开发
187
+ 难度级别：初级
+ 思考时间：5分钟
+ 得　　分：5分

保龄球瓶填数

请你仔细观察下方保龄球瓶上的数字，发现什么了吗？原来，每个保龄球瓶上都标注着一个分数，而且这排保龄球瓶上的分数还藏着一个排列规律呢。

最后一个保龄球瓶上是什么数？

4	20	15	75	?
10	20	10	20	?

左脑开发┐ **188**	┼ **难度级别**：初级 ┼ **思考时间**：5分钟 ┼ **得　　分**：5分

脚印数字

爸爸在雪地上用竹枝写下了一个算式，却被调皮的小儿子在上面踩了3个小脚印。这时，大儿子走过来说："爸爸，别生气，我来帮你补上数字。"

如图所示，如果3个脚印里的数都是同一个一位数，那么该是哪个数呢？

9 ×  = 6  9

左脑开发┐ **189**	┼ **难度级别**：初级 ┼ **思考时间**：5分钟 ┼ **得　　分**：5分

数字接龙算式

请你在八角星的每个圆圈内，填入一个适当的两位数，要求：所填的两位数的十位数必须是前一个两位数的个位数，相互接应，就像接龙游戏那样，并使得运算结果等于51。

左脑开发┐ **190**	┼ **难度级别**：初级 ┼ **思考时间**：5分钟 ┼ **得　　分**：5分

葵花填数

下面是一个神奇的数字"葵花宝典"，暗藏玄机，正等着你来破解呢！

请你先研究规律，再补全空圈内的数。

左脑开发 **191**

+ **难度级别**：初级
+ **思考时间**：5分钟
+ **得　　分**：5分

三角塔填数

　　请你按图示找出规律，把剩余三角形内应有的数字填出来。

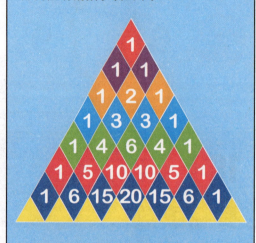

左脑开发 **192**

+ **难度级别**：初级
+ **思考时间**：5分钟
+ **得　　分**：5分

"厉害"的阿宝

　　阿宝跟一个网球世界冠军和一个象棋世界冠军是好朋友。

　　有一天，阿宝对他的朋友一本正经地说："今天我赢了那个网球冠军和那个象棋冠军，怎么样，我很厉害吧？"

　　朋友听了，对他的说法根本就不相信。

　　后来朋友了解到，那竟然是事实，而且那两个世界冠军并没有让阿宝。

　　请你想一想，阿宝如此"厉害"，这是什么道理呢？

左脑开发 **193**

+ **难度级别**：初级
+ **思考时间**：5分钟
+ **得　　分**：5分

字母的规律

　　仔细观察下列字母的排序，请找出其中的规律，指出最后的问号该是什么字母。（提示：想一想，英文单词是如何表示数字的。）

左脑开发┐**194**	＋难度级别：初级 ＋思考时间：5分钟 ＋得　　分：5分

删数字

小妮妮骑着绵羊逛数学城堡，现在，她来到了一个数学迷阵前（如图所示）。要使竖列和横行的数字总和都等于100，只需要删掉4个数字即可，这样小妮妮才能过关。

请问，应该删掉哪4个数字？

31	38	31	31
52	24	24	24
31	24	24	45
17	38	45	45

左脑开发┐**195**	＋难度级别：初级 ＋思考时间：5分钟 ＋得　　分：5分

最大的数

1、2、3是很简单的数字，可是，下面这道题可不简单。

请问：用这3个数字表示的最大数该是多少呢？

左脑开发 196	╋ 难度级别：初级 ╋ 思考时间：5分钟 ╋ 得　　分：5分

错变对

下面是个错误的等式，请你按下面不同的要求分别把它变正确吧。

(1)移动一个数字，使等式成立；

(2)移动一个符号，使等式成立。

$$62-63=1$$

左脑开发 197	╋ 难度级别：初级 ╋ 思考时间：5分钟 ╋ 得　　分：5分

寻找数字

泥水匠阿发最大的爱好是研究数学问题。这一天，他在自家的院子里砌墙。砌着砌着，他有了一个重大发现：如果把他砌的每一面墙组合起来，居然是一道数学排列题呢！

请问，问号处该是哪个数呢？

8　10　16　18　24　?

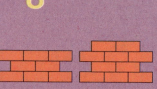
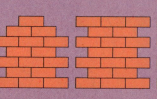

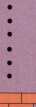

+ 难度级别：初级
+ 思考时间：5分钟
+ 得　　分：5分

使天平水平

这里有一台天平和7克、8克、15克、23克的砝码各一个。

请问，不使用游码，使天平左右保持水平状态的方法有几种？（左右互换不算）

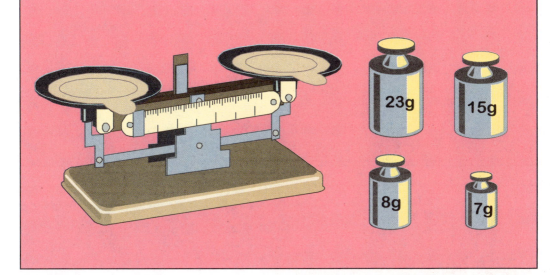

+ 难度级别：初级
+ 思考时间：5分钟
+ 得　　分：5分

按规律寻数

森林里有6个蘑菇房子，每个房子里住着一个小矮人。小矮人们有个习惯，喜欢用分数来做自己的门牌号码。不过，这些门牌号码可不是胡乱分配的，而是具有一定的规律性。

请问，问号处该是哪个分数？

左脑开发	+ **难度级别**：初级
200	+ **思考时间**：5分钟
	+ **得　　分**：5分

两个瓶子

　　科学家阿德尔和助手阿隆需要用两个瓶子（如图）做实验。阿德尔对阿隆说："你能测出这两个瓶子的容积哪个更大吗？"阿隆说："好的，我去拿量杯。"阿德尔却说："不必了。"如果不使用量杯，你能想一个最简单的方法吗？

左脑开发	+ **难度级别**：中级
201	+ **思考时间**：10分钟
	+ **得　　分**：6分

乘客的人数

　　许多人从始发站乘坐同一辆长途汽车。在第一个汽车站，占总数1/6的乘客下了车。到了第二个汽车站，余数的1/5的乘客下了车。以后各站下车的人数依次为余数的1/4，1/3，1/2，最后一个站全部下完。

　　如果中途没有人上车，那么在始发站有多少人上车？在可考虑的人数范围内，请举出最小的数字。

第一站	第二站	第三站	第四站	第五站	终点站
占总数1/6的乘客下了车。	余数的1/5的乘客下了车。	余数的1/4的乘客下了车。	余数的1/3的乘客下了车。	余数的1/2的乘客下了车。	全部下完。

左脑开发	
202	┼ **难度级别**：中级
	┼ **思考时间**：10分钟
	┼ **得　分**：6分

按规律找数

解决数字排序问题的关键，是掌握一些最基本的数字特性规律。请分别仔细观察下面的两组图形，每一组图形都有它自己的规律。先把规律找出来，再把空缺的数字填进去。

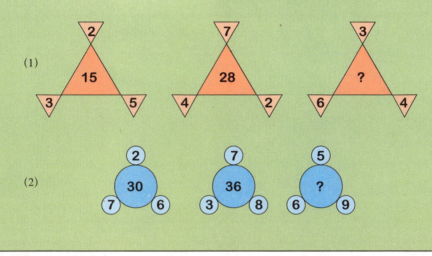

左脑开发	
203	┼ **难度级别**：中级
	┼ **思考时间**：10分钟
	┼ **得　分**：6分

改造羊圈

　　用13根木棍能拼成6个同样大小的长方形（如下图）。我们姑且把这些木

棍看作栅栏，这6个长方形就是羊圈。如果羊圈的栅栏被盗了一根，只剩下12根，即使这样，还必须做成6个同样大小的羊圈。你可以改变羊圈的形状，但木棍不能折、弯或出头。

　　你知道应该怎么摆吗？

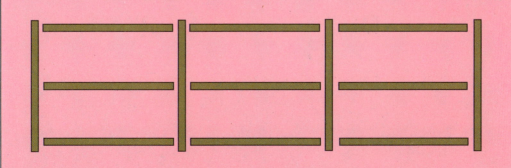

左脑开发¬
204

+ 难度级别：中级
+ 思考时间：10分钟
+ 得　　分：6分

贵族的计谋

一艘船在海上遇到了风暴，摆在船上25位乘客面前的路只有两条：要么全部乘客与船同归于尽；要么牺牲一部分人的生命，把他们抛进大海，减轻船的载重量，使船及其他人还有得救的可能，但是这样做至少得把一半以上的人抛进海里。大家都同意走第二条路，然而谁也不愿意主动跳到海里。乘客里有11个商人，其中一个是贵族，于是大家就公推贵族出个主意。贵族想了一下，提出了一个办法：所有乘客坐成一个环形，从贵族开始依〝1，2，3〞的顺序报数，报到〝3〞的人就被抛进海里，下一个继续由〝1〞报起。贵族声称这是上帝的旨意，大家的命运全由上帝来安排，谁也不得抗拒。结果有14个人被抛到了海里，而剩下的11个人全部都是商人。大难不死的其他10个商人突然醒悟过来，原来贵族用诡计救了他们。

请你想想，这11个人应排在什么位置，才可以避免被抛到海里去呢？

左脑开发¬
205

+ 难度级别：中级
+ 思考时间：10分钟
+ 得　　分：6分

代替问号的数

公园里，有一个由积木块摆成的数字迷阵。不过，由于风雨的侵蚀，最后一个积木块上的数字已经不见了。已知，这个数字迷阵上的数字是按照一定的规律排列的。

请问，问号处是哪个数字？

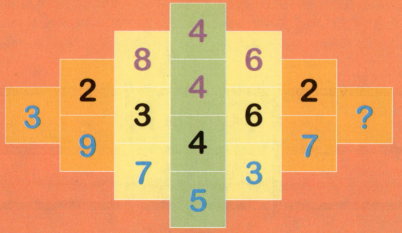

左脑开发 206

+ **难度级别**：中级
+ **思考时间**：10分钟
+ **得　　分**：6分

解问号

如图，一伙强盗把藏宝图藏在了第四间三角密室内。这个秘密被偶然从这里经过的阿里知道了，不过，他并不知道第四间三角密室的密码。聪明的阿里看了看这几间三角密室上的数字，终于发现了其中的秘密。

请问，问号处是什么数？

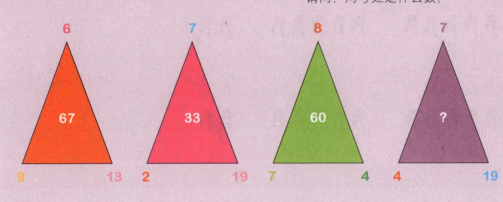

左脑开发 207

+ **难度级别**：中级
+ **思考时间**：10分钟
+ **得　　分**：6分

椅子该怎么摆放

一个方形的空屋子中有10把椅子，将这些椅子全部靠墙而放，每面墙上靠放的椅子的数目要一样多。

你认为该怎么摆放？

左脑开发
208

+ 难度级别：中级
+ 思考时间：10分钟
+ 得　　分：6分

排队

上体育课时，老师给同学们出了一道难题。他叫出24个女同学，要求她们排成6行，每行5人。

你认为她们应该怎样排？

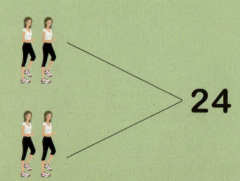

24

左脑开发
209

+ 难度级别：中级
+ 思考时间：10分钟
+ 得　　分：6分

网球对抗赛

有一家公司开展科室间的网球对抗赛，比赛形式是双打。人员搭配可以同性搭配，也可以男女混合搭配。如果某一科室参赛人数出现单数，则允许参赛者重复上场。营业科王科长手下男性比女性少4人，如果全员参加比赛，会出现重复上场的情况吗？

左脑开发¬
210
+ **难度级别**：中级
+ **思考时间**：10分钟
+ **得　　分**：6分

填方格

老师出了道趣味数学题（如图）。如果谁能在最后一个方格内填上正确的数字，就可以得到一份可爱的小礼物——玩具熊。阿楠太想得到玩具熊了，你能帮她实现愿望吗？

1	2	10
11	12	20
21	22	?

左脑开发¬
211
+ **难度级别**：中级
+ **思考时间**：10分钟
+ **得　　分**：6分

转移马匹

他是按照怎样的顺序把这4匹马转移到Q村的呢？

P村有4匹马(A、B、C、D)。人们决定把这4匹马转移到Q村。从P村到Q村，A马要走1小时，B马走2小时，C马走4小时，D马走5小时。

转移马时，一次只能转移两匹马，还要骑一匹马返回。而且，转移两匹马时，只计算行走速度慢的那匹马所花的时间。

一名男子只用12个小时就完成了这项工作。

左脑开发 212	难度级别：中级
	思考时间：10分钟
	得　分：6分

七角星

七角星中共有15个小圆圈。你能把1～15这15个数分别填入圆圈中，使每一个菱形的4个数的总和都是30吗？

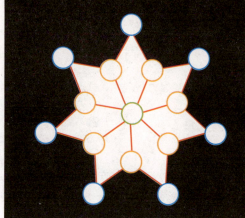

左脑开发 213	难度级别：中级
	思考时间：10分钟
	得　分：6分

最后的字母

英语字母表（alphabet）的第一个字母是A。B的前面当然是A。那么，最后一个字母是什么呢？

alphabet

· · · · · ·

左脑开发 214	难度级别：中级
	思考时间：10分钟
	得　分：6分

分割图形

上课铃响了，杜老师手拿一把剪刀和一张彩纸走进教室。"咦？这不是数学课吗？""难道杜老师要给大家上手工课吗？"正在同学们纷纷猜测的时候，杜老师说出了一道趣味数学题："请把这个大正方形分割成两个形状相同的图形，而且要求分割后的两个图形中的数字和之差为最小。"你会做吗？

1	2	3	4
5	6	7	8
9	10	11	12
13	14	15	16

左脑开发┐
215

难度级别：中级
思考时间：10分钟
得　　分：6分

有趣的幻方

　　幻方的性质：在各种几何形状的表上排列适当的数字，如果对这些数字进行简单的逻辑运算，不论采取哪一条路线，最后得到的和或积都相等。

　　请把11、16、61、66、88、89、98、99分别填入图中顶面的空格中，并使得每行、每列和对角线上的4个方格中的数字之和都是264。

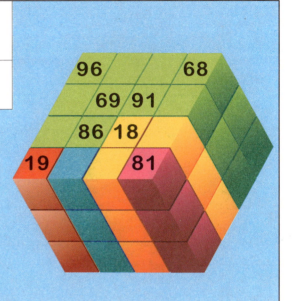

左脑开发┐
216

难度级别：中级
思考时间：10分钟
得　　分：6分

巧填数字（一）

　　请将1～9分别填入图中的小圆圈内，使粉红色的4个三角形各边上的小圆圈内的数字之和均等于17。

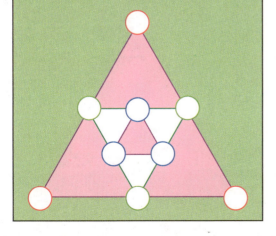

左脑开发┐
217

难度级别：中级
思考时间：10分钟
得　　分：6分

巧填数字（二）

　　请把1～9分别填入小圆圈内，使每个大圆圈内的4个数字之和都相等，而且使两条对角线上的3个数字之和也相等。

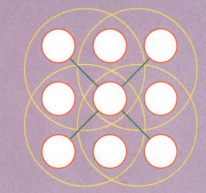

左脑开发┐
218
＋难度级别：中级
＋思考时间：10分钟
＋得　　分：6分

奇怪的图案

　　下面7个连续排列的图案是古代人画的符号吗？其实不是的。如果你仔细观察，就会发现这些图案都是有意义的，并且是有联系的。请你把它破译出来，并画出第8个图案吧。

左脑开发┐
219
＋难度级别：中级
＋思考时间：10分钟
＋得　　分：6分

填图游戏

　　请把1～11这几个数字分别填入下图中的小圆圈内，使涂有阴影的每个三角形中3个顶点所标数字之和均等于22。

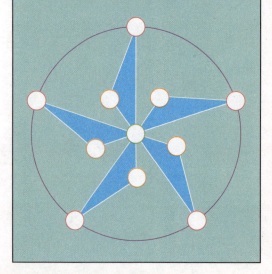

左脑开发┐
220
＋难度级别：中级
＋思考时间：10分钟
＋得　　分：6分

找规律

　　根据A、B前两个图中所显示的数字，总结其中的规律，再分别填出问号处代表的数字。

3　5　　3　6　1　7　？
2　　　　　　　　　　2

A

5　　　4　　　？

4　6　3　5　2　8

B

左脑开发 221

难度级别：中级
思考时间：10分钟
得　　分：6分

魔圈

　　在4个大圆圈中，有10个小圆圈。请把1～10分别填到小圆圈中，使4个大圆圈中各数之和均相等。

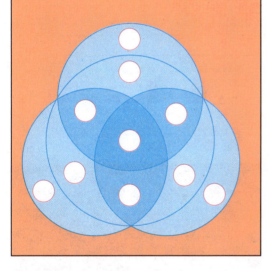

左脑开发 222

难度级别：中级
思考时间：10分钟
得　　分：6分

圆圈内的数

　　阿景每射出一颗子弹，靶盘上就会出现一个数字。当靶盘中只剩下最后一处（问号处）时，他放下枪说道："我知道那是几了。"你知道那个数吗？

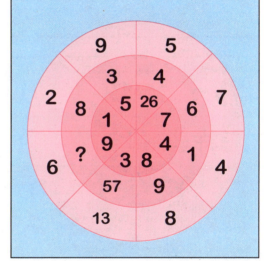

左脑开发 223

难度级别：中级
思考时间：10分钟
得　　分：6分

盲人分袜子

　　两个盲人脚的大小一样，他们一同去商店买袜子，两人各买了一双黑的和一双蓝的。蓝袜子和黑袜子的质地、型号、商标完全一样。他们各自用纸包着，放在同一个提包里。等到两人分袜

子时，发现纸包散开了，袜子混在一起，只是商标还完好，每双袜子还连在一起。两人商量了一下，想出了一个分袜子的好办法，结果他们各自拿了一双黑袜子和一双蓝袜子回家去了。

　　请问，他们想出的是什么办法呢？

左脑开发┐
224

＋ **难度级别**：中级
＋ **思考时间**：10分钟
＋ **得　　分**：6分

找规律，填车号

在一个停车场中，每辆车都要求按某种规律停放。现在，第四个车位的号码不慎丢失了。聪明的看车人阿博扫了一眼这排汽车，很快猜到了这个号码。你知道第四个车位应该停放的车号吗？

11　12　14　?　26　42

左脑开发┐
225

＋ **难度级别**：中级
＋ **思考时间**：10分钟
＋ **得　　分**：6分

怎样剪

下图中有许多数，现在想要把它剪成形状一样的4块，要求每块上数的总和要相同。

请问，应该怎样剪？

9	4		
12	5		
6	11	9	14
9	10	8	3

左脑开发┐
226

＋ **难度级别**：中级
＋ **思考时间**：10分钟
＋ **得　　分**：6分

垒积木

有9块积木，每块积木上分别写有1～9这9个阿拉伯数字中的一个。请你在具体操作前作出分析：

(1) 如何把它们分成3摞，每摞3块，使得每一摞积木上的数字之和都相等？

(2) 如何把它们分成3摞，每摞3块，使得第一摞积木上的数字之和比第二摞多1，比第三摞多2？

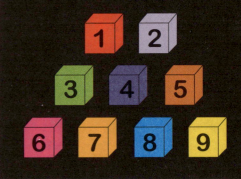

左脑开发
227

╋ **难度级别**：中级	
╋ **思考时间**：10分钟	
╋ **得　　分**：6分	

摔破的钟表

在搬家的时候，爸爸吩咐小明："安全第一，特别要注意那些容易破碎的玻璃制品。""爸爸，你就放心吧！"小明刚说完，就不小心把家里挂在墙上的钟表摔破了。破碎的钟表残片共有6块，而且每一块里面的数字之和都相等。

请你发挥想象：这个钟表被摔成了什么样子？

左脑开发
228

╋ **难度级别**：中级	
╋ **思考时间**：10分钟	
╋ **得　　分**：6分	

推算数字

这是一只喜欢数学的猫，它的脚上和尾巴上各有一个数字。现在它走进了一间密室，在脚上和尾巴上又换上了新的数字。

请你研究左图的数字规律，应用这一规律推算出右图猫尾巴处的数字。

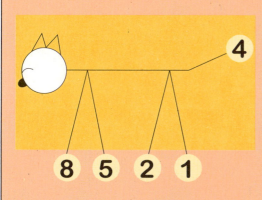

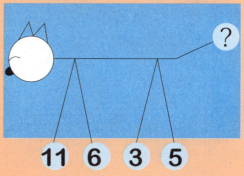

左脑开发 **229**	✚ 难度级别：高级 ✚ 思考时间：15分钟 ✚ 得　　分：8分

巧分钥匙

　　一家公司的财务科有3个文件柜（1号文件柜、2号文件柜和3号文件柜），每个文件柜各有两把钥匙，财务科的3个科员随时都需要打开这3个文件柜。

　　请问：如果不增加钥匙，怎样才能使每人都可以随时打开这3个文件柜中的任意一个？

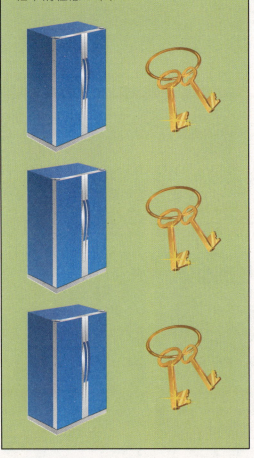

左脑开发 **230**	✚ 难度级别：高级 ✚ 思考时间：15分钟 ✚ 得　　分：8分

数字刻度

　　数字钟表显示的时间刻度，在一天当中，有多少分钟是连续排列3个以上相同的数字（例如：1：11，2：22，3：33等）？特别需要注意的是，正午和半夜的12点显示为12：00。

左脑开发 **231**	✚ 难度级别：高级 ✚ 思考时间：15分钟 ✚ 得　　分：8分

九个空格

　　请在下面的9个空格中填入数字1~9，要求：每个数字只能用一次，使每一行的3个数字组成一个三位数，第二行的三位数是第一行的2倍，第三行的三位数是第一行的3倍。

　　请问，应该如何填空格呢？

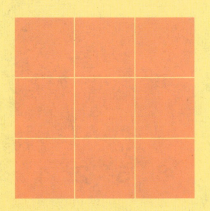

左脑开发 232	✚ 难度级别：高级
	✚ 思考时间：15分钟
	✚ 得　　分：8分

翻译算式

　　下面这个算式是由A～I共9个字母组成的，这9个字母代表1～9，请你把它翻译出来吧。

$$
\begin{array}{r}
A\ B \\
\times\ \ \ C \\
\hline
D\ \ E \\
+\ \ F\ \ G \\
\hline
H\ \ I
\end{array}
$$

左脑开发 233	✚ 难度级别：高级
	✚ 思考时间：15分钟
	✚ 得　　分：8分

巧填数

　　下面是一个正四面体的俯视图，已知6条棱边上的方格中的数字。请把5～12这8个自然数填入4个定点的圆圈中和4个面上，使每条棱边上的方格中的数字既等于其两端定点圆圈中的两数之和，又等于其相邻两个面上的两数之和。

左脑开发 234	✚ 难度级别：高级
	✚ 思考时间：15分钟
	✚ 得　　分：8分

趣味三角形

　　先观察下面的两个由1～10组成的数列三角形，再回答问题：

　　你能找出其中的规律吗？如果找出来了，就请用同样的规律把1～15填入下面的三角形中。

第一个三角形：
```
      3
    5   2
  4   9   7
6  10   1   8
```

第二个三角形：
```
      4
    1   5
  6   7   2
9   3  10   8
```

左脑开发
235

+ 难度级别：高级
+ 思考时间：15分钟
+ 得　　分：8分

按规律填数（一）

　　"杂乱无章"的意思是：没有条理，乱七八糟。猛一看右面这幅图，还真有点儿"杂乱无章"的意味呢。不过，如果你仔细分析一下，这幅图中出现的数字其实是"有章可循"的，你能根据它推算出A、B、C、D处各应该填什么数吗？

			A					
	6	5	4	3	2	9		D
	7	4	3	2	1	8		
	8	5	0	1	0	7		
B	9	6	7	8	9	6		
	0	1	2	3	4	5		
					C			

左脑开发
236

+ 难度级别：高级
+ 思考时间：15分钟
+ 得　　分：8分

按规律填数（二）

　　请把17、19、29、31、41、43、59、61、71、73这10个数填入下图的空格中，使每一行和每一列的4个数之和都等于122。

	15	3	
3			
		5	
5			13

左脑开发
237

+ 难度级别：高级
+ 思考时间：15分钟
+ 得　　分：8分

数列猜想

　　在鲜花数列中，什么数可以代替问号？

13　73　14　34

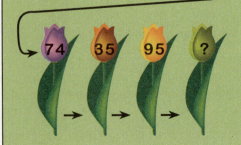

74　35　95　？

左脑开发¬ 238	┼ 难度级别：高级 ┼ 思考时间：15分钟 ┼ 得　分：8分

解问号

　　下面是3个用小正方形堆积成的砝码，每个砝码上分布着5个数字。已知每个砝码上的数字是按照某种规律排列的。

　　请问，问号处应该是什么数字？

3		
4	1	
6	3	

4		
9	2	
7	8	

?		
3	1	
8	5	

左脑开发¬ 239	┼ 难度级别：高级 ┼ 思考时间：15分钟 ┼ 得　分：8分

找翻译

　　计划A、B、C三国语言完全不通的代表召开一次国际会议，需要懂A、B国和懂A、C国及B、C国语言的翻译各1名。可是，代表国临时从3国增加到5国，有5个完全不通语言的代表（A、B、C、D、E）参加会议。

　　那么，请问最少需要几名翻译，才能使会议进行下去？前提是每位翻译只懂两国语言。

左脑开发¬ 240	┼ 难度级别：高级 ┼ 思考时间：15分钟 ┼ 得　分：8分

排列问题

　　从下往上，观察下面的图形和它所代表的数字，请你推测出六边形内的数字应该是多少？

136

?

85

68

51

左脑开发
241

+ 难度级别：高级
+ 思考时间：15分钟
+ 得　　分：8分

寻数

　　阿芳到游乐园玩，走进了数学娱乐宫。在这里，有很多有趣的数学题。只要做对一道题，就可以获得一个小礼物。阿芳看到的是一道"高级"题（如下图），她开始思考起来。请你帮阿芳想想，下一个是什么数？

17　$10\frac{1}{4}$　$15\frac{1}{4}$　$11\frac{3}{4}$　$13\frac{1}{2}$　$13\frac{1}{4}$　$11\frac{3}{4}$　?

左脑开发
242

+ 难度级别：高级
+ 思考时间：15分钟
+ 得　　分：8分

立体方阵

　　有一个正方体（如下图），每个角上有一个空的圆圈，共8个。现在请你在这8个圆圈中分别填上1~8中的一个数字。要求正方体6个面中每一个面上的4个数之和均要相等。

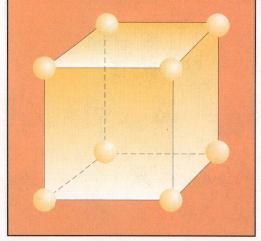

左脑开发
243

+ 难度级别：高级
+ 思考时间：15分钟
+ 得　　分：8分

划拳比赛

　　将4人编为一组，共两组8个人（A~H）一起划拳，规定最后有一方即使剩下一个人也算是胜方。

　　为了提高获胜的可能性，应该采取什么样的作战方式才好？

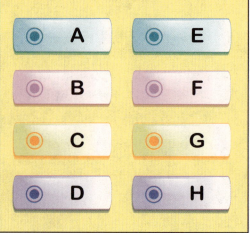

A　　E
B　　F
C　　G
D　　H

左脑开发┐	┼ **难度级别**：高级
244	┼ **思考时间**：15分钟
	┼ **得　　分**：8分

数字99和100

(1)如何组合1～9，使它们的和等于99？

123456789

(2)如何组合1～7，使它们的和等于100？

1234567

左脑开发┐	┼ **难度级别**：高级
245	┼ **思考时间**：15分钟
	┼ **得　　分**：8分

巧填算式

　　请分别把1～8填入括号，使等式成立，要求每个括号只能填一个数，而且每个数只能用一次。

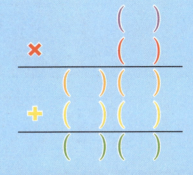

左脑开发┐	┼ **难度级别**：发烧级
246	┼ **思考时间**：20分钟
	┼ **得　　分**：10分

巧排数字

　　右边这个图形是由圆圈和三角形组合而成的。请把1～12填入图中的小圆圈内，要求每条直线上的4数之和、每个菱形上的4数之和、每个圆圈上各数（外圈3数、中圈6数、内圈3数）之和都是26。

　　本题共有12个答案，你能找出几个来？

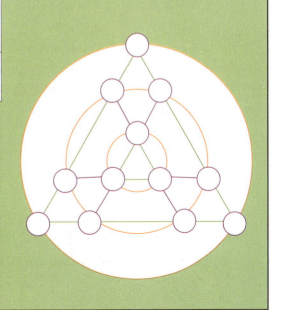

左脑开发┐
247
┼ 难度级别：发烧级
┼ 思考时间：20分钟
┼ 得　　分：10分

按规律填数

规律在空格内填上合适的数字。

7	6	9	10	17
6	4	4	6	5
1	2	3	12	?

　　数列，是按一定次序排列的一列数。在求解有关数列的问题时，我们可以通过"列"出其前几项，从而掌握其构成规律。下面就是一道数列题，你可以按照以上这一提示作答。

　　在右图中，每一列的数字都是按照一定的规律排列的，请你根据这一

左脑开发┐
248
┼ 难度级别：发烧级
┼ 思考时间：20分钟
┼ 得　　分：10分

转移矿石的方法

　　公元某某年后，人类开始了对月球进行月质勘探和能源开发的壮举。令人惊喜的是，一种新型矿石被宇航员找到了，这种新矿石含有人类未知的某种新元素。现在，载重量为7吨和13吨的载人宇宙飞船，满载着在月球上发现的新矿石抵达了中转基地。有一架载重量为19吨的载人宇宙飞船正在基地待命，要求必须把原来两架飞船的矿石重新装到19吨的飞船和13吨的飞船上，各装10吨。由于是在宇宙空间，所以无法使用称重器计量。

　　你能找出一个正确转移矿石的方法吗？

左脑开发┐
249
┼ 难度级别：发烧级
┼ 思考时间：20分钟
┼ 得　　分：10分

公主的难题

　　A国的国王久慕B国公主的绝世美貌，特地派使者带了重金去求婚。公主回话说："如果国王能用4个4，从0数到10，我就同意和他结婚。"国王顺利地做到了。

　　你知道国王是怎么数的吗？

Chapter 04

文字演兵场

　　语言文字是表情达意、交流思想的工具，语言文字能力是一种重要的智力素质。提高语言文字能力并不难，在"文字演兵场"中转一转，你一定大有收获！在本章中，如果你的得分在207分以下，那么表明你的语言文字能力亟待加强；如果你的得分在208~242分之间，那么你属于芸芸众生的一员；如果你的得分在243~277分之间，那么表明你的语言文字能力已经很出色了；如果你的得分在278分以上，那么你绝对是一个语言文字方面的天才！做做这些题，测测你的语言文字能力有多强！

左脑开发¬
250
+ 难度级别：菜鸟
+ 思考时间：1分钟
+ 得　　分：1分

挑挑选选

请认真分析左边4个字的规律，然后从右边4个字中选出一个合适的字补在左边的空格中，看谁选得既快又对。

(1) | 鉴 | 柴 | 汞 | 灾 | 　 |

| 培 | 灶 |
| 幸 | 至 |

(2) | 栋 | 楠 | 要 | 背 | 　 |

| 和 | 利 |
| 种 | 秋 |

左脑开发¬
251
+ 难度级别：菜鸟
+ 思考时间：1分钟
+ 得　　分：1分

一封奇怪的信

从前，有个人接到他妻子寄来的信，他妻子不识字，信上只画了4只乌龟。你能根据谐音，把信中表达的意思说出来吗？

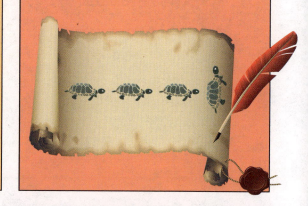

左脑开发¬
252
+ 难度级别：菜鸟
+ 思考时间：1分钟
+ 得　　分：1分

图形加减

这是一道极有趣的算术题，因为用来加减的并不全是阿拉伯数字，还有各式各样的图形。

根据第一道等式的例子，请你回答出第二道题目。

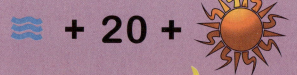 + 20 + +  = 潮

 − + = ?

左脑开发 253

- ✚ 难度级别：菜鸟
- ✚ 思考时间：1分钟
- ✚ 得　　分：1分

高个子的故事

　　经营礼品店的小曼身高达2.3米，他从生下来就从未离开过自己的村子。小曼很为自己的身高而骄傲。每当有游客来店里买东西，小曼总是下意识地跟人家比一比个头。有一天，来村子观光的游客当中有一位名叫小塔的男子高2.4米，小曼见了吃惊地说："我有生以来还是第一次见到比我高的人。"小塔听

了却不以为然地说：

"不可能吧！"

　　为什么小塔会这么说呢？

左脑开发 254

- ✚ 难度级别：菜鸟
- ✚ 思考时间：1分钟
- ✚ 得　　分：1分

多少钱一个字

　　有一个刻字先生，他挂出的价单是这样的：刻"小孩"4元，刻"年轻人"6元，刻"六十岁的老年人"14元。

　　那么，你知道他刻字的单价是多少吗？

小孩——4元

年轻人——6元

六十岁的老年人——14元

左脑开发 255

- ✚ 难度级别：菜鸟
- ✚ 思考时间：1分钟
- ✚ 得　　分：1分

黄豆与绿豆

　　两个袋子里装着两种豆：一种是绿豆，另一种是黄豆。一个人把这两种豆放在一个锅里炒，炒好了之后倒出来，结果绿豆与黄豆自然地分开了！绿豆往绿的那边滚，黄豆往黄的那边滚。

　　你认为会出现这样的事吗？

左脑开发 256

+ 难度级别：菜鸟
+ 思考时间：1分钟
+ 得　　分：1分

胡萝卜汁哪去了

农场主亚历山大的家里总是有很多刚榨的胡萝卜汁。亚历山大的儿子汤姆是个淘气包。汤姆有个弟弟叫约翰，比汤姆小两岁。汤姆总是想尽各种招数，跟弟弟约翰开玩笑。可弟弟约翰聪明伶俐，在与汤姆的"斗争"中，哪次也没有处于下风。这不，汤姆又想出了一个"整人"的法子来。汤姆把一杯胡萝卜汁倒向站在窗外的弟弟约翰。胡萝卜汁像一条线一样准确无误地落在约翰的头上。但奇怪的是，约翰的头上和身上都没溅上一滴胡萝卜汁，地上也没有胡萝卜汁溅落的痕迹。

你说会有这种事吗？

左脑开发 257

+ 难度级别：菜鸟
+ 思考时间：1分钟
+ 得　　分：1分

四两金与三两漆

有个吝啬的财主，诡计多端，村里的穷人都被他坑遍了，可谁也拿他没有办法。有一天，大家请了一个智者出主意惩治这个财主，智者爽快地答应了。第二天，智者从杂货店里买来三两漆，寄放在财主家里，然后，便穿上一身整洁的衣服去告状，说财主昧了他四两金子。县官传来财主，要他与智者当堂对质。财主感到莫名其妙，瞪着眼说："我没有昧过谁的金子呀！"县令一拍惊堂木，厉声说道："看来你是不打不招！"他随即下令重打财主二十大板。智者在一旁说："你昧了我四两金子，怎么说没有？招了吧！"财主这才恍然大悟，忙解释说："噢，不是四两金子，是三两漆！"智者一本正经地说："明明是四两金子，你为啥说是三两七？"财主有口难辩，最后只得依从了县令的判决，赔给智者三两七金子。

你能说出智者的这个计谋妙在何处吗？

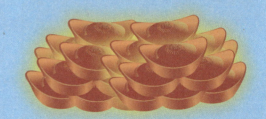

左脑开发 258

+ 难度级别：热身
+ 思考时间：3分钟
+ 得　　分：2分

动物成语

　　请根据方格内的动物，在每个空格中各填入一个字，使它们分别连成一条成语。

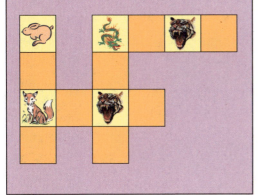

左脑开发 259

+ 难度级别：热身
+ 思考时间：3分钟
+ 得　　分：2分

看图写成语

　　仔细看下面的图形，你能猜出它们分别表示什么成语吗？

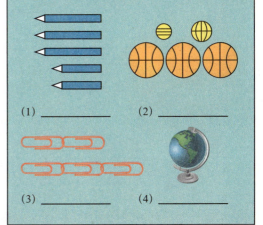

(1) ＿＿＿＿＿＿　　(2) ＿＿＿＿＿＿

(3) ＿＿＿＿＿＿　　(4) ＿＿＿＿＿＿

左脑开发 260

+ 难度级别：热身
+ 思考时间：3分钟
+ 得　　分：2分

百担榆柴

　　鬼谷子在教孙膑、庞涓学习兵法的时候，常常找机会考他们。有一次，鬼谷子让两个徒弟第二天各拾回"百担榆柴"，谁先拾好，就算谁赢。第二天，庞涓一大早就扛起扁担，拿着斧头上山去了。孙膑却从从容容地吃了早饭，然后带上斧头，背了些书，在山上找了个僻静的地方读起书来。庞涓想，我身强力壮，

孙膑一定不是我的对手。他拼命地砍呀、捆呀、担呀，等到太阳落山的时候才砍了99担榆柴。而孙膑直到天色很晚了，才收起书，砍了一根粗柏树枝做扁担，又砍了两捆榆枝，挑着下山了。庞涓见孙膑只砍了一担柴，心中暗暗高兴，很明显这次自己是赢定了。

　　但是，鬼谷子做出的最终评判是："孙膑赢了。"

　　请问，为什么庞涓砍的柴多反而输了呢？

左脑开发¬
261

+ 难度级别：热身
+ 思考时间：3分钟
+ 得　　分：2分

考眼力

下面是一道综合测试题，表面上是考你的眼力，实际上是考你的英文单词水平呢。

字母中隐藏着7个表示动物的英文单词，请你在3分钟内找到它们。（提示：可以横、竖、斜、反着连线。）

```
F S J B E E E S E U M C
R C H I R S Z R E G I T
C S N S K R C M O U S E
R E E C S L P Y Y I R J
O P N Z K E L J B A A R
C T B E D K R Y E N L E
O E U K R A R B U N L B
D M B L F N A A E L S O
I B I K V S R B K Q L T
L E O O F Y T I W Y N C
E R K C A T T L E X A O
```

左脑开发¬
262

+ 难度级别：热身
+ 思考时间：3分钟
+ 得　　分：2分

隆冬猜谜

唐代诗人王勃多才多艺，并且特别爱猜谜。有一年隆冬，大雪纷飞，王勃的叔叔辅导他作完画后，和他一起围着火炉取暖。王勃说："叔叔，您出个谜语给我猜猜。"叔叔想了一想，抬眼望着窗外，脱口吟道：

此花自古无人栽，

每到隆冬它会开。

无根无叶真奇怪，

春风一吹回天外。

王勃听了眼睛一眨，没有立即回答谜底，却大声说道：

只织白布不纺纱，

铺天盖地压庄稼。

鸡在上面画竹叶，

狗在上面印梅花。

说完，叔侄俩会心地笑了起来，原来他们所说的谜语是同一个谜底。

你能迅速说出这个谜底吗？

左脑开发┐ **263**	╋ **难度级别**：热身
	╋ **思考时间**：3分钟
	╋ **得　　分**：2分

哪来的蛋

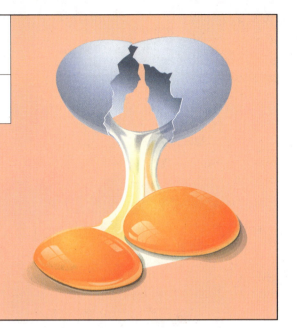

　　俗话说："种瓜得瓜，种豆得豆。"张老太没有养过鸡，可她每天早晨总是吃两个蛋。她对别人说："这蛋不是花钱买来的，也不是别人送的，更不是孩子们孝敬我的。"事实证明，张老太并没有撒谎。

　　你知道这是怎么回事吗？

左脑开发┐ **264**	╋ **难度级别**：热身
	╋ **思考时间**：3分钟
	╋ **得　　分**：2分

恢复原状

　　地上放着7个球，如图(1)。哥哥对弟弟说："从中取出4个球，另外加3个，恢复成原来的7个，你能办到吗？"弟弟摆了摆，如图(2)、(3)，然后说："这……这谁也无法办到啊！"哥哥却说："我能办到。"

　　你知道哥哥是怎么做的吗？

(1)

(2)

(3)

左脑开发 ┐
265
＋难度级别：热身
＋思考时间：3分钟
＋得　　分：2分

3个老爷爷

　　每天早晨，公园里总是充满欢歌笑语，十分热闹。　这一天，有3个白发苍苍的老爷爷，个个神采奕奕，正在亭子里讲笑话。　一个小男孩跑过来，问他们各自多大年岁。　3个老爷爷没有直接回答，一个在地上用树枝写了个"本"字，一个写了个"末"字，一个写了个"白"字。　小男孩百思不解。

　　现在，请你猜猜3个老爷爷各自的

年龄吧！　（提示：想一想，测字先生的常用伎俩是什么？）

本

末

白

?

左脑开发 ┐
266
＋难度级别：热身
＋思考时间：3分钟
＋得　　分：2分

站立

　　A、B两个人站立着，一个面向南而另一个面向北。如果不允许回头，也不允许走动，更不允许照镜子，他们怎样才能看到对方的脸呢？

南　　北

左脑开发 ┐
267
＋难度级别：热身
＋思考时间：3分钟
＋得　　分：2分

打扑克

　　有4个赌徒正在一间小屋里打扑克（没有其他人旁观）。这时，警察冲进来了，4个人一见情况不妙，都跑了。可是，警察在屋里又抓到了一个人。

　　你知道这是为什么吗？

左脑开发┐ **268**	＋ **难度级别**：热身 ＋ **思考时间**：3分钟 ＋ **得　　分**：2分

出国

　　贝贝和父母头一次出国。在国外，由于语言不通，父母有些不知所措；贝贝虽然也不懂外语，却像在自己的国家一样，并没有感到有什么不便的地方。

　　你知道这是为什么吗？

左脑开发┐ **269**	＋ **难度级别**：热身 ＋ **思考时间**：3分钟 ＋ **得　　分**：2分

荒岛生存

　　荒岛上有一个直径10米的圆圈，里面有一匹马，圆心处插有一根木桩。已知马被一根5米长的绳子拴着，请问：在不割断绳子也不解开绳子的情况下，这匹马能吃到圆圈外的草吗？

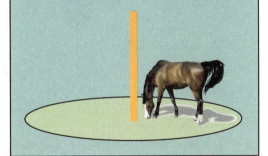

左脑开发┐ **270**	＋ **难度级别**：热身 ＋ **思考时间**：3分钟 ＋ **得　　分**：2分

上班

　　甲乙两个人住在同一个楼里，他们同在一家公司上班。可是，他们每天出门，总是一个人向左走，另一个人向右走，这是为什么呢？

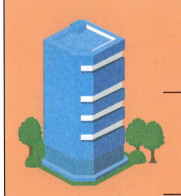

左

右

左脑开发ㄱ
271

+ **难度级别**：热身
+ **思考时间**：3分钟
+ **得　　分**：2分

"岩"字变小

如右图，一些石子正好摆成一个"岩"字。只要拿掉其中的两颗，这块"岩"石就会变小。

你说该怎么拿？

（提示：本题考查的是你对语言文字的理解能力，可不是动手能力呀！因此，解题的关键，在于如何理解"变小"两个字。）

左脑开发ㄱ
272

+ **难度级别**：热身
+ **思考时间**：3分钟
+ **得　　分**：2分

土地少了一半

有人要廉价出售一块土地，据说这块地是正方形的，南北长100米，东西长也是100米。购买者原以为这是1万平方米的土地，结果买下后才发现，土地面积只有预想的一半，于是大呼上当。

这是怎么回事？

N

W
100米

E

100米
S

左脑开发 273

+ 难度级别：热身
+ 思考时间：3分钟
+ 得　　分：2分

孤独的沙漏

　　宇航员杨先生有一个习惯，每天早晨刷牙用时1分钟，时间则靠沙漏计时器控制。可是有一天，杨先生要出差一周，于是他嘟囔道："这回用不上沙漏计时器了，真扫兴。"

　　沙漏计时器体积小，重量轻，携带方便，可是杨先生为什么不带上它呢？

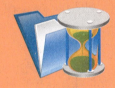
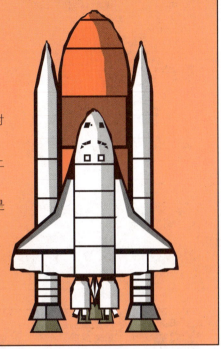

左脑开发 274

+ 难度级别：初级
+ 思考时间：5分钟
+ 得　　分：5分

君子之言

　　国王命令处死一个小偷，小偷请求国王宽恕。国王说："你犯了大罪，我怎么能宽恕你呢？我只同意你选择一种死法。"小偷说："君子一言，驷马难追。"国王说："我是一国之主，说话当然算数。"于是，小偷说了一句话，国王只好把他放了。

　　你知道小偷选择的是哪一种死法吗？（提示：小偷通过玩"文字游戏"耍弄了国王。）

左脑开发
275
+ **难度级别**：初级
+ **思考时间**：5分钟
+ **得　　分**：5分

填字成名

　　请你在图中的圆圈里填上一个字，使它与其他8个字组合成7种水果名。

（圆圈中的字：巴、口、兆、利、子、甘、市、比，中心为 ？）

左脑开发
276
+ **难度级别**：初级
+ **思考时间**：5分钟
+ **得　　分**：5分

"张冠"别"李戴"

　　下面有两组单词：一组是服装的名称，一组是身体的不同部位。你能把它们搭配正确吗？

（左组：ring、scarf、hat、glove、belt、socks；右组：neck、finger、feet、hand、waist、head）

左脑开发
277
+ **难度级别**：初级
+ **思考时间**：5分钟
+ **得　　分**：5分

妙填数词

　　相传，汉代的卓文君和司马相如结婚不久，司马相如就辞别娇妻，赴京做官。痴情的卓文君左等右等，等了5年，终于等来一封书信。上面写着："一二三四五六七八九十百千万。"卓文君读了信，非常伤心，就给司马相如回了一封信，内容如下：

　　（　）别之后，（　）地相思，只说是（　）（　）日，又谁知（　）年。（　）弦琴无心弹，（　）行书无可传，（　）连环从中折断，（　）里长亭望眼欲穿，（　）思想，（　）思念，（　）般无奈把郎怨。

　　（　）语（　）言道不尽，（　）无聊赖，（　）凭栏。重（　）登高看孤雁，（　）月天，人人摇扇我心寒。（　）月中秋月圆人不圆。（　）月里，烧香秉烛问苍天，（　）月半，榴花如火偏遇阵阵冷雨浇花端；（　）月枇杷未黄我欲对镜心意乱。急匆匆，（　）月桃花随水流，（　）月风筝线儿断。唉！郎呀郎，巴不得下（　）世你为女来我为男。

　　请问司马相如的信是什么意思？你能在卓文君回信的括号里填上恰当的数词吗？

左脑开发
278

+ **难度级别**：初级
+ **思考时间**：5分钟
+ **得　　分**：5分

巧答姓名

从前，一位老人去茶馆，刚坐下，老板就热情地打招呼，很礼貌地问老人贵姓。可老人没有直接回答，只是打趣地说："一点。"老人反问老板："您贵姓？"老板也很幽默地说："一边一点。"老人恍然大悟，笑答："原来我们都是一个姓啊！"

听了他俩的对话，你猜出他们姓什么了吗？

左脑开发
279

+ **难度级别**：初级
+ **思考时间**：5分钟
+ **得　　分**：5分

侦察员解"醋"

一个贩毒团伙派人到某市接头，接头人悄悄地把一纸条塞进一处墙缝里。民警小李已暗中跟踪他很久了，因此，接头人一离开，他马上取出了纸条翻看，只见纸条上只有一个"醋"字。小李看罢，又将纸条放回了原处。就凭这个"醋"字，小李掌握了这个贩毒团伙的接头时间，并在他们接头时，和同事们一起将他们全部抓住了。

请问，小李是如何推断出贩毒分子的接头时间的？

左脑开发
280

+ **难度级别**：初级
+ **思考时间**：5分钟
+ **得　　分**：5分

苏东坡巧戏佛印

一天，佛印和尚偷偷烹煮了一碗鱼，刚端到禅房桌上，小沙弥就进来禀报："东坡先生来访。"佛印慌忙之中，用磬将鱼碗扣住，急步走出山门，迎接东坡先生。苏东坡随和尚来到禅房坐定，忽然闻到鱼香。他对桌上反扣着的磬端详了一番，心中便明白了。这时，佛印问道："居士光临敝刹，有何指教？"东坡先生像往常一样认真地说："今日，有人出一对联，上联是'向阳门第春常在'，我一时对不出下联，请长老不吝赐教。"佛印不知是计，说道："居士才高八斗，学富五车，今日怎会这般健忘！这是一副人皆熟知的对联，下联是'积善人家庆有余'。"东坡听后哈哈大笑，随手翻开桌上反扣着的磬，说："说的是，我来与长老共食吧！"佛印被苏东坡揭穿了隐私，顿时面红耳赤。

想想看，苏东坡为什么说佛印"说的是"呢？

左脑开发┐
281

＋难度级别：初级
＋思考时间：5分钟
＋得　　分：5分

秀才问路

　　一位秀才赴京赶考，走到一处三岔路口，不知道左、中、右3条路该走哪一条。恰好路边有一牧童经过，秀才忙上前向他问路。那牧童一句话也不说，只是低头用树枝在地上划了一个"句"字。秀才以为牧童没听清楚，不料牧童却指着地上的字说："我不是已经告诉你了么！"说完，他扬长而去。秀才听了牧童的话，先是一愣，再一思索，猛然省悟过来。

　　请问，这位牧童给秀才指的到底是哪条路呢？

左脑开发┐
282

＋难度级别：初级
＋思考时间：5分钟
＋得　　分：5分

和珅求匾

　　一次，和珅求纪晓岚为自己新建的庭园大门题写横匾。纪晓岚欣然应允，提笔写了"竹苞"两个苍劲的大字。和珅以为纪大学士取的是"竹苞松茂"这一成语来盛赞他园林中青翠欲滴的竹丛美色，非常得意。一天，乾隆帝来和珅府第玩，看后大笑，说："纪晓岚在捉弄你呢！"和珅不解，待听了乾隆的解释后气得嗷嗷直叫，忙叫人将匾取下砸碎。

　　你知道匾上两字的真正含义吗？

左脑开发┐
283
＋难度级别：初级
＋思考时间：5分钟
＋得　　分：5分

回答趣题

　　题板上是5道趣题，你能回答出几道呢？有的答案不止一个，想出的答案多多益善。（提示：本题旨在考查你的语言文字理解能力和发散思维能力。）

?

(1)什么瓜不能吃？

(2)什么床不能睡人？

(3)什么虎不咬人？

(4)什么带不能系？

(5)什么牛不耕田？

左脑开发┐
284
＋难度级别：初级
＋思考时间：5分钟
＋得　　分：5分

打了几只野兔

　　乐乐打野兔回到家，妹妹问他打了几只。乐乐回答："6只无头野兔，8只半截野兔，9只无腿野兔。请你算算，我打了几只野兔？"妹妹想了半天，才计算出正确的结果。

　　请你想一想，妹妹计算出来的结果是什么。

6只无头野兔

9只无腿野兔

8只半截野兔

左脑开发 **285**	╬ **难度级别**：初级 ╬ **思考时间**：5分钟 ╬ **得　分**：5分

破洞与智慧

　　有一次，著名学者A先生穿了一件有破洞的衣服参加一个聚会。一个富人想借此嘲讽他，就说："从这个破洞里，我看出了智慧。"言外之意是：你虽然很有才华，但还是受穷。A先生听了，以相同的句式和自嘲的语气反击了那位富人。

　　你能揣摩出A先生说的那句话吗？请试着写出来。

左脑开发 **286**	╬ **难度级别**：初级 ╬ **思考时间**：5分钟 ╬ **得　分**：5分

机智的海涅

　　德国大诗人海涅是犹太人，常常遭到无端的攻击。在一次晚会上，有个旅行家对海涅讲，他在环球旅行中发现了一个岛，并说："你知道在这个小岛上有什么现象使我感到新奇吗？那就是在这个岛上竟然没有犹太人和驴。"

　　旅行家将犹太人和驴相提并论，显然充满了恶意。海涅却不动声色地进行了回击。旅行家听了，立即灰溜溜地逃走了。

　　请你猜一猜，海涅是如何反驳这句话的。

左脑开发 **287**	╬ **难度级别**：初级 ╬ **思考时间**：5分钟 ╬ **得　分**：5分

烟不离口

　　居住在印第安人保护区的卡马霍克酋长是个大烟鬼，一天到晚烟不离口。有一次，他应邀访问了位于加利福尼亚的一家石油冶炼厂。宽大的厂区里，到处都挂着"No Smoking"（禁止吸烟）的牌子。然而，在整个参观期间，他一直是烟不离口。陪同的导游人员大概是出于客气，一直没有制止他。

　　在严禁烟火的石油冶炼厂中，这种事有可能发生吗？

左脑开发 288

+ **难度级别**：初级
+ **思考时间**：5分钟
+ **得　　分**：5分

趣味算术

让我们来做一些有意思的算术题，看看最后的结果是人体的哪一个器官。

(1)(she−s)+(smart−sm)=＿＿＿＿＿＿＿＿

(2)(brag−g)+(ink−k)=＿＿＿＿＿＿＿＿

(3)(living−ing)+(her−h)=＿＿＿＿＿＿＿＿

(4)(stove−ve)+(march−r)=＿＿＿＿＿＿＿＿

(5)(luck−ck)+(rings−ri)=＿＿＿＿＿＿＿＿

左脑开发 289

+ **难度级别**：初级
+ **思考时间**：5分钟
+ **得　　分**：5分

爱因斯坦的大衣

爱因斯坦生活朴素，在没有成名前，他总是穿着一件旧大衣，参加学术活动。有一天，一个朋友在纽约街上遇到了穿着旧大衣的爱因斯坦，就劝他添置新大衣。爱因斯坦却说："这有什么关系？反正在纽约谁也不认识我。"

等爱因斯坦成名后，他仍穿着那件旧大衣。那个朋友又劝他添置新大衣，爱因斯坦又说："何必呢？反正……"朋友只好无奈地作罢。

请你想想，爱因斯坦会怎么说呢？

左脑开发 290

+ **难度级别**：初级
+ **思考时间**：5分钟
+ **得　　分**：5分

看图猜字

汉字以形体表意为主，兼能表音。下面的题是对汉字的"另类解读"，只供读者活跃思维，请勿"对号入座"。

请观察下列图形，你能猜出几个来？

左脑开发 291	难度级别：中级
	思考时间：10分钟
	得　　分：6分

迷宫寻路

下面的49个字组成了16个成语或短语，请你从"入口"开始，用首尾相接的办法组词，最后从"出口"结束。

入口 →
出口 ←

十	急	如	树	银	巧	语
万	火	星	火	花	言	重
远	不	期	为	勇	长	心
迷	信	真	知	义	生	不
除	以	为	灼	见	生	老
破	牢	补	存	死	常	谈
可	不	羊	亡	生	风	笑

左脑开发 292	难度级别：中级
	思考时间：10分钟
	得　　分：6分

成语巧编织

请你在下图的空格里填上适当的字，让它们和原有的字组成一条常用的成语。

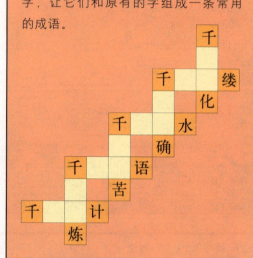

左脑开发 293	难度级别：中级
	思考时间：10分钟
	得　　分：6分

部首组词

部首是字典、词典等根据汉字形体偏旁所分的门类，如口、月、门等。

请你用图中格子里的部首组成一条四字成语。

左脑开发┑
294

+ 难度级别：中级
+ 思考时间：10分钟
+ 得　　分：6分

象棋上的成语

　　象棋是一项起源于中国的古老娱乐活动。右图就是一个象棋棋盘，请你在每格空白棋子上填入一个适当的字，使横竖相邻的4个棋子能够组成一条成语。

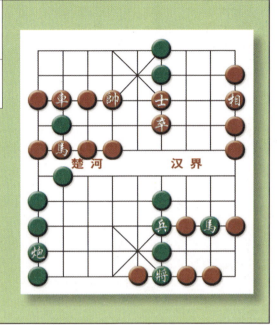

楚河　　汉界

左脑开发┑
295

+ 难度级别：中级
+ 思考时间：10分钟
+ 得　　分：6分

成语哑谜

　　小A和小B都是学校鼓乐团的成员。一天，他俩正在教室里练习，教他们语文的贾老师被鼓声吸引，也走进教室。贾老师不仅喜欢音乐，还是个谜友，当即，他就用眼前的几件乐器出了个哑谜，让小A和小B猜："桌上放着一面鼓、一根鼓槌和一只口琴，你俩用这3件乐器做一个动作，猜一条成语，如何？"小A平时就是贾老师的忠实"谜友"，略一思索，就做了一个动作，完成了这个谜题。而小B却被弄得糊里糊涂。

　　那么，你是否也猜出来了呢？

左脑开发┑
296

+ 难度级别：中级
+ 思考时间：10分钟
+ 得　　分：6分

错误在哪里

　　一天，语文老师在黑板上写了3句话：

　　"做事情不认真，就会弄出很多错误。有人说，这一问题上就有4处错误。请问，错误在什么地方呢？"

　　然后，他对全班同学说："请同学们说说，到底有几个错误？"

　　有的同学说："我想了想，一共有3处错误。"

　　有的同学说："我算了算，一共有4处错误。"

　　你知道有几处错误吗？

左脑开发⌐
297

+ 难度级别：中级
+ 思考时间：10分钟
+ 得　分：6分

巧分图形

请把下面两个正方形分成形状、大小完全相同的4块，并使每块中的文字都能组成一条四字成语。

左脑开发⌐
298

+ 难度级别：中级
+ 思考时间：10分钟
+ 得　分：6分

树洞的秘密

　　一天，侦察员王海看见他监视的一个特务突然走进海滨公园。这个特务走到一棵大树下，假装系鞋带，在树下摸索了一会儿，然后若无其事地离开了。

　　王海一面让助手尾随特务，一面走近那棵大树，发现大树下有一个被松土堵塞的树洞。他轻轻拨落松土，看到一个小纸团，打开一看，上面写着："主人不点头，十人一寸高，人小可腾云，人皆生一口。"看罢，王海又把纸团团好，塞回树洞。当晚，15个聚首的敌人全部被擒。

　　你知道纸团上的字表示什么吗？

左脑开发⌐
299

+ 难度级别：中级
+ 思考时间：10分钟
+ 得　分：6分

出奇制胜

　　一次，6位文人事先商量好要捉弄徐文长一番。当时，桌上摆了6个菜：鱼、鸡、猪肉、羊肉、牛肉、青菜。大家一致约定行酒令，要求每人的酒令中必须有一个典故，才可以吃菜。

　　6位文人依次说道："姜太公钓鱼。""时迁偷鸡。""张飞卖肉。""苏武牧羊。""朱元璋杀牛。""刘备种菜。"6位文人正在得意，只听徐文长说道："……"然后，他把6位文人的菜都端了过来。

　　你知道徐文长的酒令是什么吗？

左脑开发 300	+ 难度级别：中级 + 思考时间：10分钟 + 得　　分：6分

老板请客

一天，张生去酒店喝酒。老板一见是熟人，便笑着说："我出个谜你猜个字，如果猜中了，今天我请客。"只听老板吟道："唐虞有，尧舜无；商周有，汤武无。"张生笑道："我将你的谜底也制成一谜。'跳者有，走者无；高者有，矮者无。'"老板连说："还有，还有。'善者有，恶者无；智者有，蠢者无。'"张生又道："右边有，左边无；凉天有，热天无。"老板又道："哭者有，笑者无；活者有，死者无。"张生也道："哑巴有，麻子无；和尚有，道士无。"老板大笑，慨然履约。

你猜出他们说的是什么字了吗？

左脑开发 301	+ 难度级别：中级 + 思考时间：10分钟 + 得　　分：6分

狼狗之辩

乾隆年间，纪晓岚被提拔为侍郎。跟纪晓岚一向不对眼的和珅当时官居尚书，决定借机治一下这个死对头，警告他别太得意。一次，纪晓岚与和珅在花园饮酒，突然有一只狗从旁边跑过。和珅故意惊讶地问："是狼是狗？"纪晓岚一下就听出和珅话中有话，于是，随口答道："垂尾是狼，上竖是狗。"

你知道纪晓岚这句话中有什么玄妙吗？

左脑开发 302	+ 难度级别：中级 + 思考时间：10分钟 + 得　　分：6分

巧改对联

古时候，有个横行乡里的富绅。这一年的除夕，他贴出了一副对联：

父进士，子进士，父子皆进士；
婆夫人，媳夫人，婆媳皆夫人。

由于这家人平日无恶不作，有个聪明的书生在晚上偷偷地把对联改了几笔，并没有添加字，可意思却大变"味"了。第二天早晨，看到这副改后对联的穷人，无不拍手叫好。富绅还以为人们在夸赞自己的对联写得好，出门一看，鼻子差点没气歪了。

聪明的读者，你知道那个书生是怎么改的对联吗？

左脑开发
303
+ 难度级别：中级
+ 思考时间：10分钟
+ 得　分：6分

鲁班修庙

鲁班学艺时跟着师傅到南山密林中去修香岩寺。

一天，鲁班陪师傅在山上游玩。走到一处古柏和怪石跟前，师傅说："奇柏、奇石，真是少见！"

鲁班说："如果在石上再建座庙，就更好了。"

师傅看了看鲁班说："好，你就在这里修一百一十一座庙吧！"

听师傅这么一说，鲁班愣住了，心想：这儿虽有一块巨大的怪石，但哪里能容下这么多庙啊？一连几天，鲁班都想不出如何修，真是一筹莫展。

这天早饭后，鲁班又来到古柏下，看着那巨大的怪石发愁。忽然，他眼睛一亮，高兴地自言自语："师傅说的这一百一十一座庙能修啦！"

你能猜到鲁班当时的想法吗？

左脑开发
304
+ 难度级别：中级
+ 思考时间：10分钟
+ 得　分：6分

破门上的对联

明朝末年，某地闹饥荒，赈灾款却都被官府侵吞了，百姓的日子过得十分艰难。过春节时，有个穷书生看到自己家里，要吃的没吃的，要穿的没穿的，便怀着悲愤的心情，写了一副对联贴在破门上。上联写的是"二三四五"，下联写的是"六七八九"，横批写的是"南北"。

你知道这副对联的意思吗？

北南

六七八九

二三四五

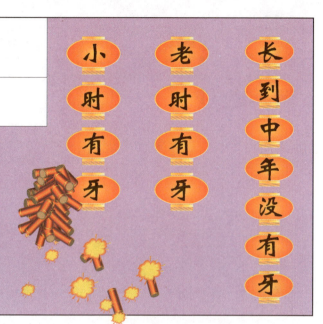

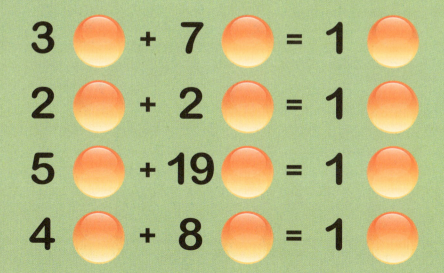

左脑开发┐
305

＋难度级别：中级
＋思考时间：10分钟
＋得　　分：6分

到底为何

　　在一个春夜，换了牙的乐乐指着自己的新牙给爷爷看。爷爷笑了，说："爷爷正好有一个关于牙的灯谜（如右图），你猜猜看，这是什么呀？"乐乐想了半天，也没有猜出来。

　　你能猜出谜底吗？

左脑开发┐
306

＋难度级别：中级
＋思考时间：10分钟
＋得　　分：6分

量词等式

　　初一看下面的等式，你肯定会一脸茫然吧。不过，你只要在圆圈中填入相应的时间量词，这些等式就能成立了。

　　试一试，你能做对几道呢？

左脑开发¬	+ 难度级别：中级
307	+ 思考时间：10分钟
	+ 得　　分：6分

意外收获

儿童节这一天，公园里举办了一场灯谜会。主持人在一座假山上放了一只玩具虎，要求猜谜者做一动作，以此打两个成语，要是谁能猜中，就把玩具虎送给谁。

一个小孩想得到那只老虎，便苦思了很久。最后，他实在想不出来，准备看老虎最后一眼，赶紧离开。他拿起这个老虎端详了一阵，又放回了原处，准备要走。没想到，主持人却宣布小孩猜中了，并把小老虎送给了他。小孩高兴极了，这真是个意外的收获！

你知道谜底是哪两个成语吗？

左脑开发¬	+ 难度级别：中级
308	+ 思考时间：10分钟
	+ 得　　分：6分

猜谜招亲

在芳菲镇，柳财主家的柳玉晶小姐是出了名的美人。到了小姐婚嫁的年龄，柳小姐向父亲提出了"猜谜招亲"的条件，想物色一个有才学的夫君。父亲答应了。柳小姐出的谜语是："一字九横六竖，难坏天下才子，有人去问孔子，孔子思了三日。"很多花花公子闻听，不得不知难而退。这一天，一位颇有才气的秀才登门来访，说破了谜底。小姐对秀才也是一见钟情，于是两人结为伉俪。

你知道谜底是什么吗？

左脑开发¬	+ 难度级别：中级
309	+ 思考时间：10分钟
	+ 得　　分：6分

饶舌的句子

古时候，有一个年老的教书先生，教学童们"四书"中的《大学》一书。《大学》中有这样一句话：

知止而后有定定而后能静静而后能安安而后能虑虑而后能得

古书没有标点，教书先生把这句话断成："知止而后有，定定而后能，静静而后能，安安而后能，虑虑而后能，得。"结果，学童们听了，个个一头雾水，满脸茫然。教书先生也意识到自己断错了，又断成："知止而后有定定，而后能静静，而后能安安，而后能虑虑，而后能得。"这一回，他自己也觉得有些好笑。这时，门外有个经常来偷听先生讲课的放牛娃说出了正确的断法。他的话给先生解了围，于是先生免费收他做了弟子。

你知道放牛娃是如何断句的吗？

左脑开发┐ **310**	+**难度级别**：中级 +**思考时间**：10分钟 +**得　　分**：6分

小丑

有一次，一个傲慢的观众在演出的幕间休息时，走到俄国著名的马戏丑角杜罗夫身边讥讽道："小丑先生，观众对您非常欢迎吧？"

"还好。"

"小丑要想在马戏团中受欢迎，是不是就必须有一张愚蠢而丑怪的脸蛋呢？"

"的确如此，"杜罗夫一字一句地说，"……"

杜罗夫的回答可谓针锋相对，以牙还牙。那个傲慢的观众听罢，只好尴尬地离开了。

你知道杜罗夫是怎样回答的吗？

左脑开发┐ **311**	+**难度级别**：中级 +**思考时间**：10分钟 +**得　　分**：6分

语意深长

莫扎特是奥地利著名的作曲家。一次，一个急于求成的少年问莫扎特该怎样写交响乐。莫扎特回答："你写交响乐还太年轻，为什么不从写叙事曲开始呢？"少年反驳道："可是您开始写交响乐时也才10岁呀？"

"对，"莫扎特回答道，"……"

莫扎特的回答语意深长，富有劝诫意味，你知道他是怎么说的吗？

左脑开发┐ **312**	+**难度级别**：中级 +**思考时间**：10分钟 +**得　　分**：6分

狄更斯钓鱼

有一次，英国作家狄更斯正在湖边钓鱼。一个陌生人走过来，狄更斯对他说："今天钓了半天，没见一条鱼；可昨天我在这里却钓到了15条鱼！"

"是吗？"陌生人又问，"我是专门检查钓鱼的，这片湖是严禁钓鱼的，你要交罚款！"说完，陌生人从口袋里掏出了罚款单。狄更斯见状，连忙说："我是作家狄更斯，你不能罚我的款，因为……"检查员听了，觉得很有道理，就收起了罚款单。

你能猜出狄更斯说出的理由吗？

左脑开发┐ **313**	✚ 难度级别：中级
	✚ 思考时间：10分钟
	✚ 得　　分：6分

哑巴吃黄连

　　在一次联合国大会上，英国工党的某位外交官同苏联外交部长莫洛托夫发生了争辩。英国外交官忽然想起莫洛托夫出身贵族，于是像抓到了救命稻草一样重新发起攻势："莫洛托夫先生，你是贵族出身，而我家祖祖辈辈都是矿工，我们两个究竟谁能代表工人阶级呢？"莫洛托夫却不动声色地说："你说得对，我出身贵族，而你出身工人。不过……"

　　莫洛托夫的回答让这位外交官有苦说不出，就像哑巴吃黄连一样。你知道莫洛托夫是怎么回答的吗？

左脑开发┐ **314**	✚ 难度级别：中级
	✚ 思考时间：10分钟
	✚ 得　　分：6分

趣味轮盘

　　轮盘中有8条"一"字成语，请你试着填一填。

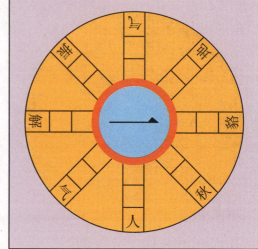

左脑开发┐ **315**	✚ 难度级别：中级
	✚ 思考时间：10分钟
	✚ 得　　分：6分

张先生的信

　　张先生是一个小说家，虽然他的工作忙，可他每天都坚持给他的朋友写4封信，而且全部邮寄了出去。虽然信封上的地址和邮政编码并没有写错，可他的朋友每天只收到他邮寄的一封信。要知道，邮局的人也没有递错。

　　你知道这是什么缘故吗？

左脑开发┐
316

+ **难度级别**：中级
+ **思考时间**：10分钟
+ **得　　分**：6分

拦车考孔子

　　孔夫子乘马车周游列国，一日来到燕国。在城门不远处，一个少年拦住马车说："我叫项橐，听说孔老先生很有学问，特来拦路求教。"孔夫子笑着说："你说吧。"项橐问道："什么水没有鱼？什么火没有烟？什么树没有叶？什么花没有枝？"孔夫子说："江河湖海，什么水里都有鱼；不管柴草灯烛，什么火都有烟；至于植物，没有叶不能成树，没有枝难以开花。"项橐却说："不对！"接着，他说出了四物。

　　孔夫子感慨道："真是后生可畏啊，老夫甘愿拜你为师！"

　　你知道项橐说的是哪四物吗？

左脑开发┐
317

+ **难度级别**：中级
+ **思考时间**：10分钟
+ **得　　分**：6分

首尾相接

　　在形式上，成语几乎都是约定俗成的四字结构，字面不能随意更换。下面这道成语接龙题，以"万"字为首，以"语"字为尾，一共有30条四字成语。

　　要求：依据数码填写成语，并使上一条成语的末字与下一条成语的首字相同，如万水千山、山高水低……

万		2		3		4
	13		14		15	
	22		23		24	
12		29		30	16	5
	21	28			25	
11				语	17	6
		27		26		
	20		19		18	
10		9		8		7

左脑开发┐ **318**	┼ **难度级别**：中级 ┼ **思考时间**：10分钟 ┼ **得　　分**：6分

成语算术题

　　请你利用加、减、乘、除等方法，做出这11道成语算术题来。

☐头☐臂−☐心☐意＝☐海为家

☐面☐方÷☐拜之交＝☐根清净

☐大金刚＋☐蹴而就＝☐体投地

☐本正经×☐思而行＝☐生有幸

☐☐罗汉−☐网☐尽＝光怪☐离

☐步成章＋☐顾茅庐＝☐遗补缺

☐见如故×☐目☐行＝☐曝☐寒

☐年树木×☐年树人＝各有☐秋

☐从☐德＋学富☐车＝☐教☐流

☐视同仁×☐嘴☐舌＝☐颠☐倒

☐通☐达×☐帆风顺＝☐平☐稳

左脑开发┐ **319**	┼ **难度级别**：中级 ┼ **思考时间**：10分钟 ┼ **得　　分**：6分

汪精卫祭岳

　　一天，汉奸汪精卫前往岳王庙进香，有一个和尚送了他一束鲜花，花上系着白绸带，写着"忍戒乍多"。汪心想，"忍者为先，戒之在躁，兵不厌诈，贵在多谋"，大为欣喜。和尚又带他来到岳王墓，只见墓前的花上也系着白绸带，上写"言贝人父"。汪精卫大悟，丢下鲜花，狼狈而逃。

　　你知道这是为什么吗？

左脑开发┐ **320**	┼ **难度级别**：中级 ┼ **思考时间**：10分钟 ┼ **得　　分**：6分

巧撵秦桧

　　相传南宋年间，元帅韩世忠和夫人梁红玉在营中一边下围棋一边讨论军情，奸臣秦桧则躲在帐后偷听。韩元帅假装不知，自言自语道："兖州无儿去，下着无头衣，泪水一边流……"话还没有说完，夫人便接了下去："虫子钻进布疋里。"秦桧在帐外听到后，羞得灰溜溜地走开了。

　　元帅夫妇的话中隐含了两个字，你听出来了吗？

左脑开发 321

+ 难度级别：中级
+ 思考时间：10分钟
+ 得　　分：6分

哑谜一则

　　春节晚会上，某班开展了有趣的猜谜活动。其中一个游戏是：在桌上放着半杯开水和半杯牛奶，要求猜谜的同学做一个动作，答两个四字成语。只见一个同学走过来，先将开水和牛奶倒入一个杯中，摇匀，然后再分一半，注入另一个空杯中。

　　主持人说："这位同学算猜中了。"

　　你知道这是为什么吗？

左脑开发 322

+ 难度级别：中级
+ 思考时间：10分钟
+ 得　　分：6分

盘子里的馒头

　　某商场开展促销活动，组织了丰富的游戏来吸引顾客。其中一个游戏是：桌子上有一个盘子，盘子里有一个馒头，要求打两个商业用语。游戏形式虽然很简单，可是很多人都被难住了。

　　试一试，你能做到吗？

打两个商业用语

左脑开发 323

+ 难度级别：中级
+ 思考时间：10分钟
+ 得　　分：6分

3个举人

　　一年春天，3个举人赴京赶考。这一天天色已晚，他们恰好走到一家酒店门前，牌匾上写着"天下第一味"。

　　四川举人心头一动，拱手笑道："两位才子，大家肚内皆饥，小弟请问两位仁兄：何谓天下第一味？"

　　浙江举人笑道："这还用问，糖醋肉排味道最佳。"

　　广东举人道："蛇肉之香，其味更美。"

　　只见店小二走出来笑道："3位客官请进，一尝便知。"

　　于是，3个举人走进酒店。很快，店小二端出"天下第一味"的招牌菜。3个举人一见，竟是一道普通的菜。待听了店小二的一番解释后，3个举人却都拍手叫绝，连说："妙，妙！"

　　你知道这"天下第一味"是什么菜吗？

特殊算式

请你先观察一下下面的算式，再回答问题。

初一看，这些算式都是错的，但在某种情况下它们却能解答某些现象。请你仔细想一想，在什么条件下，这些特殊算式才是成立的呢？

(1) **10+10=10**

(2) **6+6=1**

(3) **4+4=1**

(4) **4－1=5**

(5) **7+7=2**

(6) **3+3=0.5**

巧用标点救性命

清朝末年的一天，有个书法家奉命给慈禧太后题扇面，写的是唐代诗人王之涣的诗："黄河远上白云间，一片孤城万仞山。羌笛何须怨杨柳，春风不度玉门关。"可是，他一时疏忽，竟漏了一个"间"字。慈禧大怒，认为书法家欺她没有学识，便把书法家问成死罪，勒令推出去斩首。书法家急中生智，忙道："老佛爷息怒，我是借用王之涣的诗意填写的词啊！"于是，他当场断句标点，念给慈禧太后听。慈禧太后听了，无言以对，只好赐酒压惊。

你知道这位书法家是如何点标点的吗？

应聘

某字谜杂志社要招聘一名编辑，一个大学生前去应聘。从初试、笔试到面谈，一切都很顺利。3场考试结束后，大学生在家静听消息。不久，杂志社邮寄来一封信，大学生拆开一看，原来是一张纸条，上面写着："三山倒立，两月并连，下有流水之川，上有可种之田。"他看后，高兴得大声叫起来："我被录用了！"

你知道纸条上的谜底吗？

Chapter 05

逻辑大迷宫

　　人的左脑主管抽象逻辑思维，因此有人说左脑是个"哲学家"。你想提高你的哲学头脑吗？那就请走进"逻辑大迷宫"吧！在本章中，如果你的得分在175分以下，那么看来你的逻辑分析能力需要加强了；如果你的得分在176~205分之间，那么表明你的逻辑力差强人意；如果你的得分在206~233分之间，那么表明你的逻辑感非常强；如果你的得分在234分以上，那么你绝对是一个逻辑力超强的天才！本章的测试题能培养你超强的逻辑分析能力，助你赢得成功的人生！

左脑开发
327

+ **难度级别**：菜鸟
+ **思考时间**：1分钟
+ **得　　分**：1分

抛火柴

如果把一根火柴从半空中抛下，你能否让它落地后不再滚动？当然，前提是你不能使用其他工具。

你能做到吗？

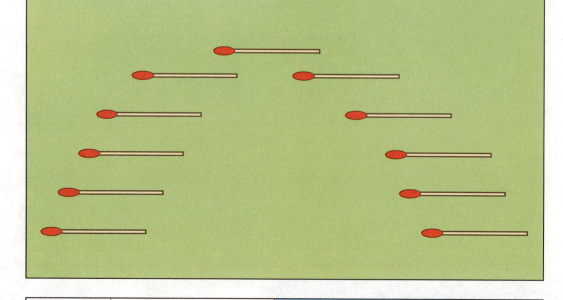

左脑开发
328

+ **难度级别**：菜鸟
+ **思考时间**：1分钟
+ **得　　分**：1分

马克·吐温的办法

美国有位作家年轻时曾在密西西比河当水手，经常随船运送货物通过一座大桥。一次，货船载着一台高大的机器要经过大桥，他听到二副高喊："马克，吐温！"原来上游连降暴雨，河水暴涨，深有2寻（1寻为1.829米）。"马克，吐温"即水深2寻之意。船上的其他水手听到喊声，立即抛锚。因为水涨船高，机器顶部高出桥孔2英寸，无法通过桥洞。正当船长一筹莫展时，那名水手想出了一个办法：既没有卸下机器，也没等水位下降，就使船顺利通过了大桥。后来，水手就以"马克·吐温"为笔名，走上了文学之路。这就是"马克·吐温"这一笔名的由来。

你知道马克·吐温的办法是什么吗？

左脑开发┐ **329**	＋难度级别：菜鸟 ＋思考时间：1分钟 ＋得　　分：1分

需要多少场比赛

　　某市中学生足球联赛，共有32支队伍参加，每场比赛的参赛队配对由抽签决定。比赛采取淘汰制：胜者进入下一轮，败者淘汰出局。

　　假设没有任何队伍弃权，那么，为了决出冠军，一共需要进行多少场比赛呢？

　　本题可以通过多种方式找到答案，但有一种方式出人意料的简明、快捷，你知道是什么方式吗？

左脑开发┐ **330**	＋难度级别：菜鸟 ＋思考时间：1分钟 ＋得　　分：1分

汽车司机

　　有一个老妇人，说起话来唠唠叨叨的。一次，她外出打了一辆出租车。一路上，老妇人唠叨个没完，惹得司机很厌烦。

　　司机说道："对不起，你说的话我一句也没听到。我的耳朵聋了，又忘记带助听器了。"

　　老妇人听司机这么一说，果真立刻停止了唠叨。可当老妇人到达目的地下车的时候，才突然意识到司机对自己撒谎了。

　　请问，老妇人是怎么知道司机撒谎了呢？

左脑开发┐ **331**	＋难度级别：热身 ＋思考时间：3分钟 ＋得　　分：2分

哪一块点火快

　　物理课上，老师拿来6个放大镜。这些放大镜规格不一，有厚有薄，有大有小。老师发给6个同学每人一个放大镜，让他们同时在阳光下做凸透镜聚光试验。不久，同学们都先后点燃了放大镜下的火柴。老师问同学们："为什么有人点得快，而有人点得慢呢？"

　　你能说出哪种规格的放大镜在阳光下点火快吗？

左脑开发┐
332

+ **难度级别**：热身
+ **思考时间**：3分钟
+ **得　　分**：2分

根据图（1）和图（2）的平衡条件，怎样才能使图（3）平衡呢？

称水果

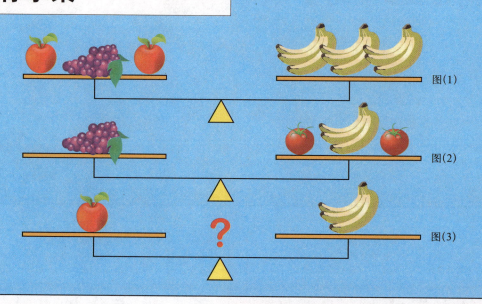

图(1)

图(2)

图(3)

左脑开发┐
333

+ **难度级别**：热身
+ **思考时间**：3分钟
+ **得　　分**：2分

部落人洗衣

　　某部落的男人每天都要穿一种长款布衣。他们有一个规矩：只能在每个星期一的晚上把所有的脏衣服送到城里的洗衣店去洗，同时将干净的衣服取回来，再穿在身上。

　　请问，部落中的每个男人至少有几件长款布衣，才能保证他每天都有干净的衣服穿呢？

左脑开发¬ **334**	+ 难度级别：热身
	+ 思考时间：3分钟
	+ 得　　分：2分

女儿的错

一天，外出的父亲打电话给在家的女儿："女儿，替我买一些生活用品，钱放在书桌上的一个信封里。"女儿找到了那个信封，看见上面写着98，以为信封内共98元，就把钱拿了出来，数都没数放进了包里。

在商店里，女儿买了90元的东西，付款时却发现，包里不但没有剩下8元，反而要自己补出4元。

女儿回到家里，恰好父亲也回来了。她把这事告诉了父亲，生气地说："爸爸，你把钱点错了。"父亲却笑着说："我并没有点错，错在你自己身上呀。"

请问：女儿错在什么地方？

左脑开发¬ **335**	+ 难度级别：热身
	+ 思考时间：3分钟
	+ 得　　分：2分

怎样点点

从前，有一位教书先生，他年岁很大了，无儿无女，但有两个心爱的学生。他想留一个学生继承他的事业，但不知选哪一个好。后来，他想出了一个好主意：拿出两本同样厚的书，教两个学生分别在书的每一页上点一个点，一页也不能少，谁先点完就选谁。

如果你是教书先生的一个学生，怎样才能取胜呢？

左脑开发 336

+ 难度级别：热身
+ 思考时间：3分钟
+ 得　　分：2分

猜糖

一天，妈妈对兄弟俩说："我这里有3块糖，2块是软糖，1块是硬糖。现在，我分给你们每人1块，我自己留1块。请你根据你们自己手上的糖，推断出对方手里是什么糖。"

等妈妈分完糖，兄弟俩刚开始都愣了一下。

接着，弟弟突然大喊道："我猜到了！"

请问，弟弟推断出哥哥手里拿的是什么糖？他是怎样推断的？

左脑开发 337

+ 难度级别：热身
+ 思考时间：3分钟
+ 得　　分：2分

三岔路口

一天，邮递员小方要从甲地去乙地送信。他走到一个三岔路口，发现原来画有甲、乙、丙3个村的指路牌被暴风刮倒在地，辨不清方向了。小方想了想，很快找到了通向乙地的路。

你知道小方想出的是什么样的方法吗？

左脑开发 338

+ 难度级别：初级
+ 思考时间：5分钟
+ 得　　分：5分

大炮过桥

在一次军事演习中，某炮兵连小王负责组织士兵为前方增援大炮。一辆辆炮车牵引着增援的大炮正火速开往前方。

炮车行进途中遇到一座桥。桥头的标志牌上写着：最大载重量35吨。然而，每辆炮车重12吨，大炮重25吨，明显超过了桥的载重量，这可怎么办？军情紧急，不容耽搁，小王急中生智，设计了一个方案，使大炮全部安然过桥。

你知道他的妙计是什么吗？

左脑开发 339

- **难度级别**：初级
- **思考时间**：5分钟
- **得　　分**：5分

行贿的南瓜

贪婪的镇长借故没收了大卫家的两个大南瓜，并且把它们晾在了自家

的窗台上。

晚上大卫回家后，听到妻子的抱怨，十分生气。半夜时，他搬来梯子，爬上镇长家的窗户，刚准备把南瓜拿走，就被巡查的警官发现了。"干什么的？"警官问。机敏的大卫回答："哦，尊敬的警官先生，明天是镇长的生日，我想送点儿东西表示祝贺。"警官不屑地说："送这点儿东西也不算行贿，干吗非得晚上送呢？"聪明的大卫借机回答了警官，并且公然当着警官的面把南瓜抱走了，警官也没有找他的麻烦。

你知道大卫是怎么回答的吗？

左脑开发 340

- **难度级别**：初级
- **思考时间**：5分钟
- **得　　分**：5分

排座次

有4个朋友坐在一间屋子里闲谈，座次如下：玛丽坐在芭比和迪克前面，芭比坐在迪克之前、杰克之后。

请问，以下4种说法中哪种是正确的？

（1）玛丽不是坐在迪克和杰克前面。

（2）迪克坐在芭比前面。

（3）杰克坐在迪克前面。

（4）迪克坐在杰克前面。

左脑开发 341

- **难度级别**：初级
- **思考时间**：5分钟
- **得　　分**：5分

愚人节的谎话

　　每逢愚人节，李明总是受到同学的捉弄，上当受骗。今年他打算报复一下，也骗骗别人。

　　其实，只要说一句简单的话，就可以使对方受骗。

　　请问这句话是什么？

左脑开发 342

- **难度级别**：初级
- **思考时间**：5分钟
- **得　　分**：5分

猜杯中物

　　在桌子上摆着4个杯子，每个杯子上都写着一句话。

　　第一个杯子上写着："所有的杯子中都有橙汁。"

　　第二个杯子上写着："本杯中有苹果汁。"

　　第三个杯子上写着："本杯中没有纯净水。"

　　第四个杯子上写着："有些杯中没有橙汁。"

　　如果其中只有一句真话，那么可以得出下面的哪个结论？

（1）所有的杯子中都有橙汁；
（2）所有的杯子中都没有橙汁；
（3）有些杯子中没有橙汁；
（4）第三个杯子中有纯净水；
（5）第二个杯子中有苹果汁。

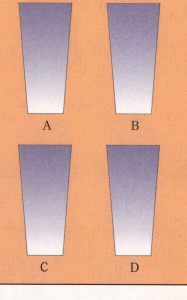

A　　　　B

C　　　　D

左脑开发¬
343

+ **难度级别**：初级
+ **思考时间**：5分钟
+ **得　　分**：5分

猫的主人

　　4个喜欢猫的好朋友，分别用一个朋友的名字来给自己的猫取名。下面的线索中只有一个是真实的，其余的是虚假的。

　　请问，4个朋友分别拥有哪一只猫？

(1)玛丽的猫取名要么是海伦，要么是艾莉；

(2)露西的猫取名是艾莉；

(3)海伦的猫取名要么是玛丽，要么是露西；

(4)取名为露西或者玛丽的猫都不是艾莉的；

(5)取名为海伦的猫不属于玛丽或者露西。

左脑开发¬
344

+ **难度级别**：初级
+ **思考时间**：5分钟
+ **得　　分**：5分

哪个是门铃按钮

　　某个名人家的门铃声整天不断，令名人十分苦恼。于是，他请一位朋友想办法。这位朋友帮他在大门前设计了一排6个按钮，其中只有一个是通门铃的。

　　来访者只要摁错了一个按钮，哪怕是和正确的按钮同时摁，整个电铃系统就会立即停止工作。在大门的按钮旁边贴有一张告示，上面写着："A在B的左边；B是C右边的第三个；C在D的右边；D紧靠着E；B和A中间隔一个按钮。请摁上面没有提到的那个按钮。"

　　请问，这6个按钮中，通门铃的按钮处于什么位置？

左脑开发
345

十 **难度级别**：初级
十 **思考时间**：5分钟
十 **得　　分**：5分

卖苹果

　　A、B、C3个人卖苹果。3人商定总是以同样的价钱出售。结果A总共卖了11箱，B卖了10箱，C卖了9箱，可是他们卖苹果得到的钱却是相同的。
　　你知道这是为什么吗？

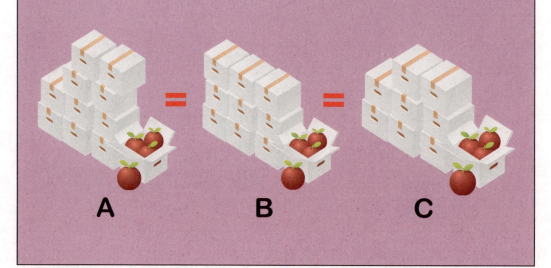

A = B = C

左脑开发
346

十 **难度级别**：初级
十 **思考时间**：5分钟
十 **得　　分**：5分

船上分米

　　欢欢和乐乐买了一桶大米。在回家的路上要通过一条河，他们在船上才想起应该把大米平均分成两份，可他们身边没有秤，怎么分啊？还好，欢欢从船舱里找到了一只和装米的桶一模一样的桶。乐乐高兴地说："我有办法了。"
　　你知道乐乐是怎样把米分开的吗？

左脑开发¬
347

+ **难度级别**：初级
+ **思考时间**：5分钟
+ **得　　分**：5分

照片上的人

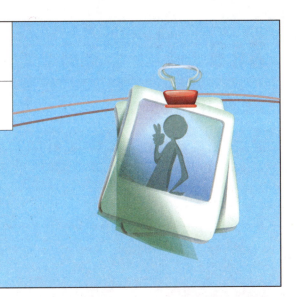

　　章小强拿出一张照片，指着上面的人说：

　　"我既没有兄弟也没有姐妹，这个人的父亲是我父亲的儿子。"

　　请你猜猜，他是在撒谎吗？

左脑开发¬
348

+ **难度级别**：初级
+ **思考时间**：5分钟
+ **得　　分**：5分

大蛇和小蛇

　　记者丁丁的爱犬白雪被犯罪团伙偷走了。丁丁费尽周折，终于找到了犯罪团伙的巢穴，可是犯罪团伙的头目提出了一个苛刻的条件：

　　"丁丁，我先在一个不透明的瓶子里放进一条大蛇和一条小蛇，你可不许偷看。然后，你要从瓶子里取出一条来。假如你取得的是大蛇，你就永远见不到你的小狗白雪了。如果你取出的是小蛇，那么你的白雪就自由了。这两条蛇动作很快，你千万别把它们掉在地上，否则它们马上就钻得没影儿了。"只见犯罪团伙头目一弯腰，抓起两条蛇塞进瓶子里。细心的丁丁看清了，他放进去的是两条大蛇。丁丁知道他在耍阴谋诡计，可要是当面揭穿，惹恼了犯罪团伙头目，白雪就危险了。

　　丁丁该用什么样的办法来救白雪呢？

<table>
左脑开发 349
难度级别：初级
思考时间：5分钟
得　　分：5分
</table>

左脑开发 349	＋ 难度级别：初级
	＋ 思考时间：5分钟
	＋ 得　　分：5分

涂黑的额头

3个哲学家为一个问题争论了很久。由于天气炎热，3个人感到很疲倦，于是他们在花园里的一棵大树下躺下来休息，很快都睡着了。这时，一个爱开玩笑的路人走过来，用炭涂黑了他们的前额。3个人醒来以后，彼此看了看，都笑了起来。但是，这并没引起他们之中任何一个人的担心，因为每个人都以为是其他两人在互相取笑。这时，

其中有一个人突然不笑了，因为他发觉自己的前额也给涂黑了。

那个不笑的哲学家并没有照镜子，那么他是怎样觉察到的呢？

左脑开发 350	＋ 难度级别：初级
	＋ 思考时间：5分钟
	＋ 得　　分：5分

哪项是事实

在会上，部长宣布："对此方案没有异议，大家赞同，通过。"

如果以上不是事实，下面哪项必为事实呢？

(1)大家都不赞同方案；　　◯

(2)有少数人不赞同方案；　◯

(3)有些人赞同，有些人反对；　◯

(4)至少有人是赞同的；　◯

(5)至少有人是反对的。　◯

玩具世界

阿花最喜欢买毛绒玩具了。现在，阿花打开了她的玩具柜。

在她的玩具柜中：扔掉2个玩具之后都是玩具飞机；扔掉2个玩具之后都是玩具兔；扔掉2个玩具之后都是玩具熊。

请问，阿花都有些什么玩具？

餐馆问题

安先生、卜先生、陈先生3人每天都去南河餐馆或北河餐馆吃晚饭。

已知下列情况：

(1)如果安先生去南河，那么卜先生就去北河；

(2)安先生或陈先生去南河，但两人不会都去南河；

(3)卜先生和陈先生不会都去北河。

请问：谁昨天去南河餐馆，今天去北河餐馆？

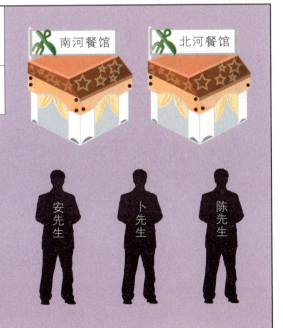

左脑开发
353
+ 难度级别：中级
+ 思考时间：10分钟
+ 得　　分：6分

推断盗窃犯

　　一天，入职不久的新警员向老警官求助。新警员简要地陈述了案情：某月某日晚11点，某商店被窃去大量贵重物品，罪犯得手后携赃驾车逃走。现在逮捕了A、B、C 3名嫌疑犯，而且已经确定除了这3个人，绝对不会是其他人。此外，经过调查，还得到以下情况：

　　(1)C假如没有A做帮凶，就绝不可能到该商店行窃。
　　(2)B不会驾车。

　　那么，A究竟有没有到该商店行窃呢？老警官听完新警员的叙述后，马上得出了正确的结论。

　　你知道老警官是如何分析的吗？

左脑开发
354
+ 难度级别：中级
+ 思考时间：10分钟
+ 得　　分：6分

血型疑团

　　昨天晚上，富翁亨利的大儿子比尔彻夜未归。今天清晨，比尔的尸体在网球俱乐部的更衣室里被找到了。比尔衣服上留下的斑斑血迹中，不仅有他自己的A型血，还有另一人的AB型血。

　　可是，凶手到底是谁呢？

　　据了解，比尔的弟弟卡特正为争夺父亲公司总裁的位置和比尔闹得不可开交，而卡特在案发当天神秘失踪了，他的血型无法确定。亨利太太的哥哥杰森

在案发第二天也消失了，所以他的血型也无法确定。有嫌疑的涉案人员只有这两个人，那么凶手到底会是哪一个呢？

　　探长觉得案件非常棘手，所以便去请教神探福尔摩斯。

　　福尔摩斯胸有成竹地说道："事情已经很明显了，去问一下亨利和他夫人的血型，我们就能确切地判断出凶手到底是谁。"

　　经过法医鉴定，亨利是O型血，而他夫人是AB型血。

　　现在你能够凭借自己的判断，说出谁是凶手了吗？

左脑开发┐
355

+ 难度级别：中级
+ 思考时间：10分钟
+ 得　　分：6分

三问

有一个妇人在坟前痛哭，过路人问她在哭谁。妇人回答："他的爹爹是我爹爹的女婿，我的爹爹是他爹的丈人。"

有两个妇人有说有笑一路同行，有人问她俩是什么亲戚关系。年幼些的回答："我是妹妹的妹妹，她是嫂嫂的嫂嫂。"

有个老人醉在庵堂门前，被一个尼姑背了进去。见者笑问尼姑，背的是何人。尼姑答道："醉人妻弟尼姑舅，尼姑舅姐醉人妻。"

你知道她们分别说的是什么人吗？

左脑开发┐
356

+ 难度级别：中级
+ 思考时间：10分钟
+ 得　　分：6分

谁的照片

王强是家里的独子，也就是说他既没有兄弟，也没有姐妹。有一天，他看着一张照片发呆。这时，一个人走来问他："你看的是谁的照片？"王强是这样回答的："照片上的男人的父亲，是我父亲的儿子。"

王强看的是谁的照片？

左脑开发┐
357

+ 难度级别：中级
+ 思考时间：10分钟
+ 得　　分：6分

职务

李明、李松、李刚、李通4个人，分别是法院院长、检察院检察长、公安局长、司法局长。在一次政法工作会议上，4个人碰在一起开会，会议主持者李通热情地招待他们，忙着倒茶递烟。

(1)李刚和李明接过烟，很快就抽了起来；
(2)法院院长婉言谢绝，因为他一贯主张戒烟；
(3)李明是司法局长的妹夫，所以他俩显得格外亲热。李松和李刚看到他俩如此亲热，就感叹自己只有弟弟没有妹妹；
(4)分手的时候，李明邀请公安局长下午去他家。
请问四人的身份各是什么？

 李明
 李松
李刚
 李通

 法院院长
检察院检察长
 公安局长
 司法局长

谁说了真话

　　警察局抓了5个犯罪嫌疑人，对他们的谈话做了如下记录：

A说：5个人中有1人说谎。
B说：5个人中有2人说谎。
C说：5个人中有3人说谎。
D说：5个人中有4人说谎。
E说：5个人都在说谎。

　　最后警察只释放了说真话的人，你知道释放了几个人吗？

谁当上了记者

　　A报社决定在B公司招聘一名业余记者，B公司推荐赵、钱、孙、李、周、吴6人应试。究竟谁能被录用，公司甲、乙、丙、丁4位领导各自做出了自己的判断。

甲：赵、钱有希望。
乙：赵、孙有希望。
丙：周、吴有希望。
丁：赵不可能。

　　结果证明：他们中只有一个人的判断是对的。

　　请问，谁当上了业余记者？

波娣娅的珠宝盒

　　在莎士比亚的《威尼斯商人》一剧中，波娣娅有3个珠宝盒：一个是金的，一个是银的，一个是铜的。在这3个盒子的某一个中，藏有波娣娅的画像。波娣娅的追求者要在3个盒子中选择一个。如果他有足够的运气或者足够的智慧，挑出那个藏有波娣娅画像的盒子，他就可以娶波娣娅为妻子。在每个盒子的外面，写有一段话（如

图），都是关于盒子是否装有画像的内容。波娣娅告诉追求者，上述3句话中，只有一句是真的。

　　这个追求者有可能成为幸运者吗？如果可能的话，应该选择哪个盒子呢？

金盒子　画像在此盒中
银盒子　画像不在此盒中
铜盒子　画像不在金盒中

左脑开发 361

+ 难度级别：中级
+ 思考时间：10分钟
+ 得　　分：6分

少数民族

赵、钱、孙、李、王5位朋友一起去看画展。在A、B、C、D、E5个少数民族头像前，5位朋友津津有味地指点起来：

赵说：A是回族，B是苗族。

钱说：C是苗族，E是壮族。

孙说：B是藏族，D是傣族。

李说：B是蒙古族，C是藏族。

王说：A是蒙古族，D是藏族。

讲解员小姐听了他们的议论，笑了笑说："你们5位都各自说对了一半。"

那么，究竟哪一半对了，哪一半错了，也就是说，究竟A、B、C、D、E5个头像各属于什么少数民族呢？

左脑开发 362

+ 难度级别：中级
+ 思考时间：10分钟
+ 得　　分：6分

释放犯人

有10个犯人被带到国王那里，他们都戴着彩色帽子，而且自己看不见自己的帽子，只能看见别人的。国王对犯人说："你们好好看看周围的人，如果谁

看见3个以上戴黄帽子的人，我就当场释放他。"说完，国王命人给其中几个犯人戴上了黄帽子。

你知道国王最后释放了几个人吗？

左脑开发 363

+ 难度级别：中级
+ 思考时间：10分钟
+ 得　　分：6分

小岛方言

在一个晴朗的日子，一条船由于缺乏饮用水，在一个岛上靠了岸。这个岛上的人一部分总是说真话，另一部分总是说假话。可是，从表面上却无法将它们区分开来。他们虽然听得懂汉

语，却只会说本岛方言。船员们登陆后发现一眼泉水，可是，不知这里的水能不能喝。这时，恰巧碰到一个土族人，一个船员便问道："今天天气好吗？"土族人答道："梅拉塔——迪。"再问："这里的水能喝吗？"土族人答道："梅拉塔——迪。"已知"梅拉塔——迪"这句话是岛上方言的"是"或"不是"中的一个。

想一想，这里的水究竟能不能喝？

左脑开发 ┐
364

┼ **难度级别**：中级
┼ **思考时间**：10分钟
┼ **得　　分**：6分

喜结良缘

　　3位男青年A、B、C即将在五一节这天与3位姑娘甲、乙、丙结婚。有个好事的人前去向他们探听各人的配偶。A说："我要娶的是甲。"再去问甲，甲却说她将嫁给C。去问C，C回答说他是与丙结婚。问者一时被搞得莫名其妙，直到他们6个人举行婚礼时才弄清楚了真相。原来A、甲、C3人说的都不是真话。

　　你能推出到底谁与谁结为夫妻了吗？

左脑开发 ┐
365

┼ **难度级别**：中级
┼ **思考时间**：10分钟
┼ **得　　分**：6分

如何渡河

　　两个小孩在河边划船，甲、乙、丙3个大人想乘船过河。但是，小船每次只能载一个大人或两个小孩。

　　请问：两个小孩如何才能用这条小船把3个大人送到对岸，最后两个小孩和船再回来呢？

左脑开发┐ **366**	┼ **难度级别**：中级
	┼ **思考时间**：10分钟
	┼ **得　　分**：6分

硬币

　　小明和小亮在玩掷硬币猜正反面的游戏：小明掏出两枚一模一样的硬币，同时扔，然后用手盖住，让小亮猜正反面。

　　猜了几次，小亮发现每一次都有3种可能：一是两个都是正面，二是两个都是反面，三是一正一反。小亮想了想，说："我其实只要赌一种情况，赢的机会就比较大。"

　　你知道小亮说的是哪种情况吗？他的观点对吗？

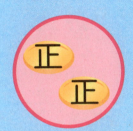  

左脑开发┐ **367**	┼ **难度级别**：中级
	┼ **思考时间**：10分钟
	┼ **得　　分**：6分

旅客的性别

　　在一家旅馆，新入住了6位客人：两个男的住一间，两个女的住一间，还有一对夫妇住一间。为了便于区分，服务员给他们的房间分别挂上了"男男"、"女女"和"男女"的牌子。可是，有人开玩笑，把这3间房子的牌子调换了，使得牌子上的标记与实际情况完全不符。旅馆老板知道了，找来一个服务员，吩咐道："你能否在只叫出一个人的情况下，就能查明旅客的住宿情况呢？"

　　你能帮服务员做到这一点吗？

 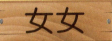

左脑开发
368

+ **难度级别**：中级
+ **思考时间**：10分钟
+ **得　　分**：6分

哪根是磁棒

　　有两根外观一模一样的马蹄状金属棒，其中一根是磁棒，另一根是铁棒。在不许使用其他物品的条件下，你能分辨出哪根是磁棒吗？

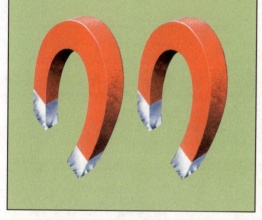

左脑开发
369

+ **难度级别**：中级
+ **思考时间**：10分钟
+ **得　　分**：6分

怎样鉴别醋和酱油

　　某小卖店最近进了8桶酱油和1桶醋，桶是封着的，从外观上看，酱油桶和醋桶完全相同。由于标签缺失，无法分辨出酱油和醋了。

　　现在店内有一台大型天平，问：至少称几次，才能把那桶醋找出来呢？

左脑开发
370

+ **难度级别**：中级
+ **思考时间**：10分钟
+ **得　　分**：6分

有趣的等式

　　在下面的式子中，等号两边是不等的：

　　88888888=1000

　　但是，如果你在左边的数字间插入运算符号，等式就成立了。

　　请你想一想，该怎么办呢？

8 8 8 8 8 8 8 8 =1000

左脑开发
371
+ **难度级别**：中级
+ **思考时间**：10分钟
+ **得　分**：6分

大力士服输

从前有一个大力士，常常看不起女人。有一位聪明的小姑娘，想教训一下这位大力士。

这一天，她对大力士说："今天咱俩比一比，若是你赢了，我服你；若是我赢了，日后你就少在女人面前摆臭架子。"大力士满口答应。小姑娘接着说："咱们不比别的，只比坐。只要你能坐在我坐过的地方，你就赢了。"大力士很高兴，以为自己赢定了。可是，

当他看到小姑娘所坐的位置时，顿时目瞪口呆，只好认输了。

请问，小姑娘究竟坐在什么位置上了呢？

左脑开发
372
+ **难度级别**：中级
+ **思考时间**：10分钟
+ **得　分**：6分

池子中有几桶水

古代有个著名的学者，一天，他瞧着山下的一个大水池，问身边的一帮弟子："这水池里共有几桶水？"众弟子一个个面面相觑。老学者觉得扫兴，于是写了一张布告，声明谁能回答这个问题，他就收谁做弟子。

布告贴出后的第三天，一个十几岁的男孩来到老学者的面前，

他很快就回答了这个问题。老学者听后连连点头，脸上露出赞许的笑容。

你知道小男孩是怎么回答的吗？

<table>
<tr><td>左脑开发┐
373</td><td>＋**难度级别**：高级
＋**思考时间**：15分钟
＋**得　　分**：8分</td></tr>
</table>

聪明的牧童

　　从前有个牧童，一天在放牧回来的路上，他突然被3个蒙面大盗拦住了。大盗们拿着一块牌子，上面写着："我们3人有一人专说谎话，一人专说真话，还有一人一半说谎话一半说真话。现在只许你问一个内容完全一样的问题，我们的回答只用'是'或'不'。如果你能据此分清我们3人各是什么人，就放你过去，否则就杀了你！"牧童想了想，巧妙地提了一个问题，就顺

利地逃过了一劫。

　　你知道这个聪明的牧童是怎么提问的吗？

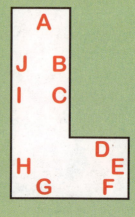

我们3人有一人专说谎话，一人专说真话，还有一人一半说谎话一半说真话。现在只许你问一个内容完全一样的问题，我们的回答只用"是"或"不"。如果你能据此分清我们3人各是什么人，就放你过去，否则就杀了你！

<table>
<tr><td>左脑开发┐
374</td><td>＋**难度级别**：高级
＋**思考时间**：15分钟
＋**得　　分**：8分</td></tr>
</table>

谁是教授

　　阿米莉亚、比拉、卡丽、丹尼斯、埃尔伍德和他们的配偶参加了在情侣餐馆举行的一次大型聚会。

　　这5对夫妇被安排坐在一张"L"形的桌子周围，顺序是：

1. 阿米莉亚的丈夫坐在丹尼斯妻子的旁边。
2. 比拉的丈夫是唯一单独坐在桌子的一条边上的男士。
3. 卡丽的丈夫是唯一坐在两位女士间的男士。
4. 没有一位女士坐在两位女士之间。
5. 每位男士都坐在自己妻子的对面。
6. 埃尔伍德的妻子坐在教授的右侧。

　　（注："在两位女士之间"指的是沿桌子边缘看去，左侧是一位女士，而右侧是另一位女士。）

　　据以上条件，你能准确判断出这些人中谁是教授吗？

左脑开发 375

| + 难度级别：高级 |
| + 思考时间：15分钟 |
| + 得　　分：8分 |

巧断性别与职业

王家有3个儿女：老大色盲；老二患过小儿麻痹症，左脚略微有点跛；老三口吃。但他们从小就刻苦学习，长大后都有所作为。3人中有一位是画家，有一位是篮球运动员，还有一位是翻译。他们在各自成家后还相处得非常和睦。画家外出，把孩子留在孩子的姑妈家，与姑妈的孩子为伴。一天晚上，电视转播篮球比赛实况，两个小家伙兴奋地指着电视屏幕大叫，一个说："那是舅舅！"另一个说："那是伯伯！"

据以上情况，你能判断出老大、老二和老三的性别和职业吗？

左脑开发 376

| + 难度级别：高级 |
| + 思考时间：15分钟 |
| + 得　　分：8分 |

谁是聪明人

A、B、C3个人一起参加了物理和化学两门考试。3个人中，只有一个聪明人。下图是3个人说的话。

考试结束后，证明这3个人说的都是真话，并且：

第一，聪明人是3人中唯一的一个通过这两门科目中某门考试的人；

第二，聪明人也是3人中唯一的一个没有通过另一门考试的人。

请问，在这3人中，谁是聪明人？

A说的话
1. 如果我不聪明，我将不能通过物理考试；
2. 如果我聪明，我将能通过化学考试。

B说的话
1. 如果我不聪明，我将不能通过化学考试；
2. 如果我聪明，我将能通过物理考试。

C说的话
1. 如果我不聪明，我将不能通过物理考试；
2. 如果我聪明，我将能通过物理考试。

左脑开发 377

+ 难度级别：高级
+ 思考时间：15分钟
+ 得　　分：8分

帽子的颜色

春暖花开，老师带着一群学生到郊外游玩。他们走累了，就坐在山脚下的一棵大树下休息。这时，老师提议大家做一个逻辑游戏，同学们纷纷赞成。

老师吩咐6名学生等间距地围坐成一圈，另让一名学生坐在中央，并拿出7顶帽子，其中4顶白色，3顶黑色。然后老师蒙住7名学生的眼睛，并给每人戴1顶帽子，而只解开坐在圈上的6名学生的眼罩。这时，由于坐在中央的学生的阻挡，每个人只能看到5个人的帽子。老师说："现在，你们7人猜一猜自己头上帽子的颜色。"大家静静地思索了好大一会儿，谁也不说话。最后，坐在中央那个被蒙住双眼的学生举手说："我猜到了。"

请你说说，他戴的是什么颜色的帽子，他是怎样猜到的？

左脑开发 378

+ 难度级别：高级
+ 思考时间：15分钟
+ 得　　分：8分

谁偷了上等牛排

某公司老板有一个巨大的商用冷库，里面装满了上等的牛排。一天夜里，一个小偷打开了冷库的大门，偷走了整整一卡车牛排。

3名嫌疑人被传讯。每个嫌疑人都是人所共知的惯偷，而且都能找到迅速处理一整车牛排的方法。他们的陈述如下，其中每个嫌疑人都作了两次真实的、两次虚假的陈述。

你能判断出谁是小偷吗？

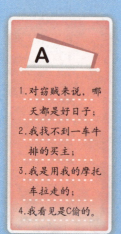

A

1. 对窃贼来说，哪天都是好日子；
2. 我找不到一车牛排的买主；
3. 我是用我的摩托车拉走的；
4. 我看见是C偷的。

B

1. 我不会开卡车；
2. 我说的并不全是真的；
3. 我是清白的；
4. A说的全是真的。

C

1. 我说的全是假的；
2. 我会开卡车；
3. 我们全是清白的；
4. A有销赃的买主。

左脑开发 379

+ 难度级别：高级
+ 思考时间：15分钟
+ 得　　分：8分

6个专家

　　6个不同专业的专家一起乘火车旅游。他们分成两组，每组3人，面对面地坐在一起。他们分别是杂文家、考古学家、音乐家、小说家、剧作家和诗人。他们每个人都带着自己的专著，但现在都正在读别人的专著：

　　(1)A正在读杂文；
　　(2)C正在读他对面的人带的专著；
　　(3)B坐在杂文家和音乐家之间；
　　(4)E坐在剧作家的旁边；
　　(5)D正在读剧本；
　　(6)A坐在窗户边，对考古没兴趣；
　　(7)D坐在小说家的对面；
　　(8)E正在读一本音乐专著；
　　(9)F从未读过一本诗集，显然，他不是诗人。
　　根据以上事实，你能判断每个专家的专业吗？

A　　B　　C　　?　　D　　E　　F

左脑开发 380

+ 难度级别：高级
+ 思考时间：15分钟
+ 得　　分：8分

猜名字

　　智力晚会的主持人小燕对观众说："A、B、C3位同学中，一个叫'真真'，从不说假话；一个叫'假假'，从不说真话；一个叫'真假'，有时说真话，有时说假话。现在，我向这3位同学提问，请大家注意了。"
　　小燕问同学A："请问，B叫什么名字？""他叫真真。"同学A回答。
　　小燕问同学B："你真是真真吗？""我不是真真。"同学B回答。
　　小燕又问同学C："请问，B到底叫什么名字？""他叫假假。"同学C回答。
　　小燕最后问观众："请大家想一想，A、B、C3位同学中，究竟谁是真真，谁是假假，谁是真假呢？"（请连线作答。）

<table>
左脑开发 **381**
</table>

+ 难度级别：高级
+ 思考时间：15分钟
+ 得　　分：8分

如何发现假硬币

　　现有外形完全一样的9枚硬币，其中8枚是真币，1枚是假币。假币和真币的区别仅是重量稍轻一点。有一台天平秤，没有砝码，秤上没有读数，如果把重物放在天平秤两边的托盘上，天平能精确地显示出两边的重物是否一样重，或哪边更重一点。

　　使用该天平秤，如何只称两次就能确定上述硬币中哪枚硬币是假币？

左脑开发 **382**

+ 难度级别：高级
+ 思考时间：15分钟
+ 得　　分：8分

提问的学问

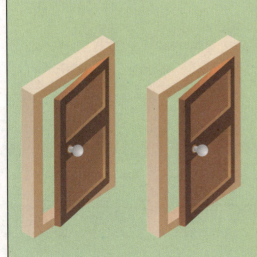

　　国王把一个外乡人和两个奴隶关在同一间房子里，并告诉外乡人："这间房子有两扇门，从一扇门出去可以获得自由，从另一扇门出去只能沦为奴隶。这两个奴隶，一个从来不说谎话，另一个却从来不说真话。"说完，国王转身就走了。外乡人事先根本不知道从哪扇门出去可以获得自由，这间房子里只有两个奴隶知道门的秘密。按照国王的规定，这个外乡人只能向其中一个奴隶提一个问题，而且他不知道两个奴隶中哪一个是说真话的。外乡人经过深思熟虑，终于想出了一个好方法，使自己重获自由。

　　你知道这个外乡人用什么方法才使自己重新获得自由的吗？

Chapter 06

推理智慧园

　　由一个或几个已知判断推出另一未知判断的思维形式，叫作推理。推理包括演绎推理、归纳推理、类比推理等，这些推理形式在"推理智慧园"中均有充分体现。做完本章的训练题，如果你的得分在250分以下，那么你的推理能力有待进一步加强了；如果你的得分在251~292分之间，那么表明你的推理能力很一般；如果你的得分在293~334分之间，那么表明你的推理能力真的很棒；如果你的得分在335分以上，那么你肯定是另一个名侦探柯南！做游戏，练推理，下一个"神探"就是你！

左脑开发┐
383
+ 难度级别：菜鸟
+ 思考时间：1分钟
+ 得　　分：1分

小偷老手

　　李先生一家从苏杭旅游回来，发现家中被人搜掠一空，衣柜抽屉全被打开了。李先生一边查看抽屉一边想：这个小偷一定是个老手。

　　你知道李先生为什么认为小偷是个老手吗？

左脑开发┐
384
+ 难度级别：菜鸟
+ 思考时间：1分钟
+ 得　　分：1分

逃跑的杀人犯

　　森姆是个杀人犯，被判终身监禁，他多次密谋越狱都失败了。某天，当狱警通知森姆有人要探访他时，却发现不久前还在狱室中的森姆已经失踪了。监狱不远处的一个地方灯火通明，好像正在举行宴会。先不说森姆是怎样逃出监狱的，因为在这方面他向来是个老手，问题在于：他穿着死囚制服怎么可能走远呢？

　　你知道森姆穿着死囚制服去哪里了吗？

左脑开发┐
385
+ 难度级别：菜鸟
+ 思考时间：1分钟
+ 得　　分：1分

智断杀人凶手

　　有一个人因争抢船运物资而被打死，死者致命的伤在右肋。由于当时是打群架，牵扯到很多人。拘捕来这么多嫌疑犯，警长迟迟想不出一个找出真凶的好办法。警长在细细地审阅了案子后，亲自来到监房，他把众嫌疑犯提上来，去掉了他们的枷锁，让他们坐在大厅之中，端上酒食慰劳他们。吃完后，警长便命令他们都回监狱去，唯独留下一个人。警长对他说："杀人的就是你！"被留下的人非常惶恐，很快就认罪了。

　　你知道警长是怎么判断出来的吗？

左脑开发┐
386
+ **难度级别**：菜鸟
+ **思考时间**：1分钟
+ **得　分**：1分

银行里的火灾

　　肖恩的银行在一场大火后片瓦不存，肖恩快要崩溃了！保险公司已派人来查验过了，还好大部分损失将由保险公司承担。

　　警官米奇向肖恩询问起火灾的起因。肖恩哽咽着说道："今天中午，我正在看财务报表，忽然电灯闪了几下，接着电源线上冒出一串火花，火花点燃了账册，我连忙用水把账册上和电线上的火扑灭，关掉电灯，出去找电工来维修。谁知道，等我再次回去的时候，整个走廊都被浓烟笼罩了……"

　　听到这里，米奇忽然觉得有点问题，他再次问道："你确定火灾是由电线引起的，而你又是扑灭了火才出去的吗？会不会是你走开的时候有人纵火呢？"肖恩肯定地说："不会，我扑灭了明火才离开办公室的，银行看守得非常严密，不可能有人在里面纵火。"米奇笑道："肖恩先生，你说谎了，火灾和你有很大的关联。"

　　你知道米奇是怎么识破肖恩的谎言的吗？

左脑开发┐
387
+ **难度级别**：菜鸟
+ **思考时间**：1分钟
+ **得　分**：1分

王丽的死因

　　南方某地，夏天的晚上特别热，人们大都是铺凉席睡在地上。一天早上，人们发现一直守寡的王丽死在家中。警方马上开始进行调查。据群众反映，王丽人很本分，和附近居民相处得非常融洽，绝对没有仇人。很快，警方便把自杀、情杀、仇杀和谋财害命的可能性排除掉了。于是，警方决定对尸体重新检查，发现死者脚腕上有一处伤口，至此本案终于有了结果。

　　你知道王丽是怎么死的吗？

左脑开发┐
388
+ **难度级别**：菜鸟
+ **思考时间**：1分钟
+ **得　分**：1分

骏马的尾巴

　　佐罗骑着一匹骏马向东跑过一条大河，又朝西南方向越过一座小山，最后向北来到一个湖边停了下来。

　　请问，此时骏马的尾巴是朝哪个方向的？

左脑开发 **389**	╋ 难度级别：热身 ╋ 思考时间：3分钟 ╋ 得　　分：2分

救人的方法

　　有一次，拿破仑到郊外打猎，看到一个落水男孩，一边拼命挣扎，一边高呼救命。河面并不宽，可拿破仑不会游泳。

　　这时，机智过人的拿破仑做出了一个惊人的举动，并大声说了一句话。结果，那个男孩竟然因此而得救了。

　　你知道拿破仑是怎么做的吗？

左脑开发 **390**	╋ 难度级别：热身 ╋ 思考时间：3分钟 ╋ 得　　分：2分

夜读之谜

　　在一个没有月亮的晚上，某人正在卧室内读一本有趣的书。他的妻子把电灯关了，自己先睡了。尽管室内漆黑一团，可那个人仍然手不释卷，读得津津有味。第二天早晨，他还原原本本地把书中的故事讲给别人听。

　　请问：这是为什么呢？

左脑开发 **391**	╋ 难度级别：热身 ╋ 思考时间：3分钟 ╋ 得　　分：2分

追踪逃犯

　　一个秋天的晚上，一名囚犯越狱潜逃。他翻墙跳到外面的空地上，朝牧场方向逃走了。雨后泥泞的空地上清晰地留下了逃犯的脚印。于是，警察选了一条优秀的警犬嗅了嗅墙外空地上囚犯足迹的气味后，马上径直追向牧场。可是，不知为什么，警犬中途突然停了下来，左转转，右转转，不再前进。事实证明，越狱的逃犯并没有骑牧场的牛逃走，也没有换掉脚上的鞋子。

　　你知道罪犯是用什么办法摆脱了警犬的追踪吗？

左脑开发┐
392

+ **难度级别**：热身
+ **思考时间**：3分钟
+ **得　　分**：2分

盗窃疑犯

　　警方跟踪疑犯李大已经有一段日子了。这个星期天，跟踪他的警员发现李大到郊外去钓鱼。他钓鱼的方法十分特别，将一只水靴吊在鱼竿上，放入河中，然后过一段时间把水靴扯起来。用这种奇怪的方法钓鱼，其中必定隐藏着什么秘密。所以，跟踪的警员把整个过程都拍摄下来了。不过，一个糊涂的警员却把晒出来的照片调乱了。

　　你能把照片正确地排列出来吗？

左脑开发┐
393

+ **难度级别**：热身
+ **思考时间**：3分钟
+ **得　　分**：2分

真正的凶手

　　这一天，王先生从窗户的缝隙中，看见邻居家发生了一宗凶杀案。据王先生说，疑凶几次闪身经过他家窗前，所以他能清楚地记得，疑凶是一个脸型瘦削的人。可后来，竟有一个圆脸的人到警察局自首。

　　请你想一想，到警察局自首的人怎么会是真正的凶手呢？

左脑开发┐
394

+ **难度级别**：热身
+ **思考时间**：3分钟
+ **得　　分**：2分

悬崖伏尸

　　冬天，在一个悬崖下，有游人发现了一具男尸，在崖上还发现了死者的一只男式皮鞋。被发现的男尸身穿大衣，满身伤痕，穿着一只鞋，鼻子上架着太阳镜。警方前来调查，认为是自杀案件，决定收队。在搬运尸体时，一位探长站在一旁，突然大叫道："慢着！这是谋杀案，尸体是被人搬到此处，伪装成自杀的。"

　　探长为什么这样断定呢？

左脑开发 395

+ 难度级别：热身
+ 思考时间：3分钟
+ 得　　分：2分

汽车人命案

东尼是一名职业司机。一天，他被人发现倒毙在小轿车旁。经法医检

验证实，东尼是由于吸入一种剧毒气体而致死的。但是，警方调查显示，当天清晨，除了死者以外，没有任何人走近过他的小轿车，小轿车内也没有发现任何装置气体的容器。不过，在事发前，死者的汽车因有毛病而找人修理过，但这似乎和本案并没有太大关联。

那么，东尼是如何吸入毒气致死的呢？毒气又是从何处喷出来的呢？你能推断出来吗？

左脑开发 396

+ 难度级别：热身
+ 思考时间：3分钟
+ 得　　分：2分

富翁之死

刘先生是一个百万富翁。8月的一天，他被发现死于家里的卧室中。探长接到报案后，立即找到他的女佣录取口供。女佣说："大约2小时前，刘先生叫我给他一杯加冰威士忌，然后又叫我给他准备洗澡水。他还说洗澡后会睡一会儿，叫我在2小时后叫醒他。但我敲了多次门他都没有反应，所以我便打开他卧室的门，进来就看见他口吐白沫倒在地上。"经过警方的化验，探长发现富翁用过的酒杯

内，除了有冰外，还有安眠药。表面上，富翁好像是自杀而死，探长却认为这是一宗谋杀案，并且极有可能是那位女佣所为。

你能猜出探长得出这一结论的理由吗？

左脑开发┐
397

+ **难度级别**：热身
+ **思考时间**：3分钟
+ **得　　分**：2分

气球升空

　　一个晴朗的日子，妈妈带着女儿上街，买了两只气球：一只黄色的，一只粉色的。这两只气球大小相同，气球里的氢气含量也相等。女儿拿着两只气球，正在高兴地走着，不料一个行人撞了她一下，两只气球同时飞上了天。

　　请问：这两只气球哪只升得快一些呢？

左脑开发┐
398

+ **难度级别**：热身
+ **思考时间**：3分钟
+ **得　　分**：2分

巧分生熟西瓜

　　爸爸买来两个西瓜，妈妈问："是熟的吗？"

　　爸爸说："我挑了半天，应该没问题吧。"

　　妈妈说："切开看看，如果是生的，就去换一个。"

　　爸爸说："西瓜都被切开了，人家还让换吗？"

　　这时，女儿豆豆听见了，说："我有一个好办法，不用切开西瓜就知道生熟。"说完，她打来一大木盆

水，把两个西瓜都泡在大木盆中。

　　"看，这个是生的，那个是熟的。"豆豆得意地说。

　　你知道豆豆这样区分的道理吗？

左脑开发┐
399
┼ 难度级别：热身
┼ 思考时间：3分钟
┼ 得　　分：2分

钢琴与手指

李先生是个钢琴家，他的手指既柔软又细长，人人都称赞说这是他作为音乐家的天赋条件。这一天几个朋友来访，闲聊中说到他们的手指长得都不如李先生，因而都弹不好钢琴。"俗话说，5个手指还不一样长呢。老李，你就好比是那根最长的中指，鹤立鸡群

啊！我们最多也就是无名指罢了。"一个朋友说。"哪里哪里，"李先生却笑着说，"要我说，无名指才是最长的，中指怎么也比不过它呀！"朋友以为李先生出言讽刺他们，很是生气，都要求李先生说出个子丑寅卯，不然就需要当面道歉。李先生说出了一番话，果然自圆其说。

你知道李先生拿出什么样的理由来证明无名指才是最长的呢？

左脑开发┐
400
┼ 难度级别：热身
┼ 思考时间：3分钟
┼ 得　　分：2分

谁偷了项链

早上，迈伦在旅馆洗完头，吹干头发，就打电话向服务台订了一份报纸和一杯茶水。5分钟后，有人敲门。原来，是一位服务员送来了早点。迈伦说："你大概是弄错了，这是311房间。"服务员说："对不起，应该送到317号。"说完，服务员关上门走了。

过了一会儿，又是敲门声。"请进！"门开了，一个男人走了进来，对迈伦喊道："喂，你是谁？在我房间里干什么？"迈伦说："这可是我的房间，311号。"男人看了看门牌，忙说："对不起，是我弄错了。"他退出门去，顺手关上了门。

第三次敲门，另一位服务员送来了报纸和茶水。正在这时，只听门外有人喊："我的钻石项链被偷了！"迈伦一怔，马上冲出门去，大叫："快，抓住那个人！"

请问，迈伦要抓住谁？为什么？

左脑开发┐ **401**	╋ 难度级别：初级
	╋ 思考时间：5分钟
	╋ 得　　分：5分

废挂历

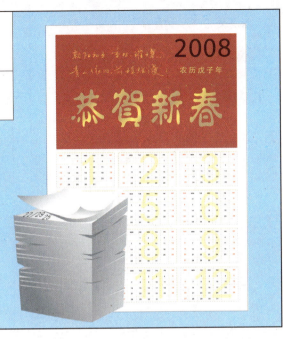

　　在某个印刷厂的后院里，扔了一大堆新年的挂历。保安人员随意看了一眼便说道："原来是废品。"废挂历按右图所示的样子捆绑着，保安既没有碰，也没有一一去翻。

　　你知道为什么保安能断定它是废品吗？

左脑开发┐ **402**	╋ 难度级别：初级
	╋ 思考时间：5分钟
	╋ 得　　分：5分

神秘之物

　　有一个东西，它一旦消失，9天之内就不会再出现；当下一次再消失时，又在2天后出现，然后又消失；之后，一般是10天后再现，一年只有一次是8天或9天后再现。其实，这个神秘的东西就在我们身边。

　　请问，它是什么？

左脑开发┐ **403**	╋ 难度级别：初级
	╋ 思考时间：5分钟
	╋ 得　　分：5分

雪证人

　　艾莎对贝塔早已怀恨在心，企图杀死贝塔。一天晚上10点，艾莎开车到贝塔家，将贝塔杀死了。这时天开始下雪了。大约10点45分，艾莎用贝塔家的电话报警说："我和贝塔约好10点45分见面，我如约前来，发现贝塔已被人杀死。"警察来后一看，二话没说，就逮捕了艾莎。

　　你知道这是为什么吗？

左脑开发
404

+ 难度级别：初级
+ 思考时间：5分钟
+ 得　　分：5分

法网难逃

　　主管李某的夫人王女士在家中被杀。法医断定王女士死于当天上午11时。经过一系列调查，警方怀疑李某是杀人凶手，但李某辩解说，他刚好是11点到公司，并说在11时30分和12时曾两次让女秘书给他夫人打电话，而他家里的电话一直占线，说明他夫人当时还活着。女秘书也证明确有其事。细心的曹警官恰好发现李某的办公室有两部电话，他突然醒悟了。

　　你知道曹警官明白了什么吗？

左脑开发
405

+ 难度级别：初级
+ 思考时间：5分钟
+ 得　　分：5分

说谎的司机

　　一位司机肇事后逃逸，很快就被警方抓获。

　　不过，司机狡辩说："我的车子昨天就爆胎了，到现在还没修好呢。"说完，他指着汽车干瘪的轮胎让警方看。

　　"先生，别自作聪明了！你那诚实的汽车已经告诉了我们。"一名警方人员摸了一下车身说。

　　你知道警察是如何揭穿这位肇事者的谎言的吗？

左脑开发
406

+ 难度级别：初级
+ 思考时间：5分钟
+ 得　　分：5分

杀错人

　　商人甲为了除去生意对手商人乙，特别雇用了杀手。商人乙最大的特征是常穿深红色西装赴约。经过商人甲的精心策划，9月的一天下午，两人在一间五星级酒店的房内会面，洽谈一笔数额颇大的生意。杀手早已在对面的楼中摆好了无声步枪，他从瞄准器内可以看到穿深红色西装的乙坐在左边，穿黑色西装的甲坐在右边。

　　杀手正想取乙性命的时候，甲乙两人突然发生争执，纠缠到了一起。杀手冷静地在移动的目标中击中了人。他以为完成了任务，结果却发现自己所杀的竟是甲。

　　你知道杀手为什么会误杀甲吗？

左脑开发 407

难度级别：初级
思考时间：5分钟
得　　分：5分

伪造的遗书

　　张老太爷膝下无子无女，老伴又早已过世，亲人中只有一个远房的侄儿。他这个侄儿好赌成性，欠了不少赌债。为了尽快继承张老太爷的遗产，还清那些赌债，这个狠心的侄儿竟然将张老太爷杀害并伪装成张老太爷在家自杀的样子，然后又请一位最亲密的朋友用蓝水钢笔伪造了一份遗书。张老太爷的邻居都知道张老太爷是一个生活极其节俭的人，每日的开销都会记下来。他的侄儿为防止事情败露，又请他的那位朋友在很短的时间内，用同一支笔把张老太爷的日记账重抄了一遍。这样，遗书和日记账的笔迹便一模一样，不必担心被人识破了。但是，当警方检查了日记账和遗书后，立刻指出这些都是伪造的。

　　你能推断出警方是从哪里看出来的吗？

左脑开发 408

难度级别：初级
思考时间：5分钟
得　　分：5分

沙滩上的尸体

　　一个炎热的夏天，水清沙细的深水湾里挤满了弄潮儿。突然，在平坦而广阔的沙滩边，巨浪竟冲来了一具浮尸，尸身上插有一把水果刀。救生员发现尸体后，连忙报警。警方根据调查得知，凶手显然是在行凶后游水逃走的。但在案发时，为什么会没有人看见呢？而且据验尸官报告，死者的死亡时间约是当天下午4时左右。

　　凶手用什么方法逃避了众人的注意呢？你知道吗？

左脑开发 409

难度级别：初级
思考时间：5分钟
得　　分：5分

雪地足印

　　一个寒冬的早上，到处都是积雪。一个人在自己家中把邻居杀死，而后将尸体搬回死者家中，再返回自己家中整理好一切，然后打电话报警。当警察前来调查时，凶手说他本想前往死者家借一些铲雪的工具，以便清理门口的积雪，但当他到死者家时，发现死者倒毙在家里，所以立即返回自己家报警。但警察经详细检查后，看到雪地上的足印，便认为报案者十分可疑，很可能就是凶手。

　　你知道警察为什么会这样判断吗？

左脑开发
410

+ 难度级别：初级
+ 思考时间：5分钟
+ 得　　分：5分

滴水骷髅

一天，一个长工来到县衙击鼓告状，他对县令说："我是大财主李霸家的长工。一个月前，有一个长工因不堪欺侮而顶撞了李霸，竟被李霸的手下活活打死，扔进了水塘，尸体现就埋在水塘边。"

于是县令派了一个衙役跟长工去验尸。他们扒开土，发现尸体已经腐烂，只剩下一副骨架，难以分辨。

县令听说后，派手下思敏前去验尸。经过仔细检验，尸骨上仍没发现可疑的痕迹。思敏命差役将尸体的骷髅头用布包起带回，接着传讯地主李霸到官府。

回到官府，思敏让人将骷髅头用清水洗净擦干，当着李霸的面，用尖嘴瓶盛上温水从死者的脑壳上方慢慢滴水。一瓶水下去，只见缕缕清水从死者的两个鼻孔流出。思敏见到这一情况，心中大喜，他终于找到了破案的根据。

你知道清水从死者的两个鼻孔流出究竟意味着什么吗？

左脑开发
411

+ 难度级别：初级
+ 思考时间：5分钟
+ 得　　分：5分

智辨盗车犯

在某停车场，车主们正匆匆忙忙地找自己的车，准备驾车离开。这时，一位车主发现前面有个留长发的年轻人正走向自己的车。于是，他立即走上前去，问："你要干什么？"那个年轻人一怔，立即道歉说："怎么？这是你的车！真对不起，我看错了。"随即他头也不回地向出口处走去。

这一切，都被旁边的一位民警看见了，他很快追了上去，将那个年轻人抓起来，押送到派出所。经仔细查问，这个年轻人原来是个盗车犯。

你知道这位民警是如何判断的吗？

左脑开发
412

+ 难度级别：初级
+ 思考时间：5分钟
+ 得　　分：5分

谁是小偷

某位富商家中被窃，警方接到报案后立即赶往现场调查，后来在附近拘捕了两名可疑人物，并把他们带回警署问话。其中一名是游客，他向警察出示旅游证件，以洗脱嫌疑。另一名是聋哑人，他不停地用手指比划，嘴里发出呀呀声，警察不懂手语，无法查问。一名警察悄悄地向警长提议，请手语翻译前来协助调查，但警长示意不需要。与此同时，警长只说了一句话，便立即知道谁是小偷了。

警长说了一句什么话呢？你能猜出来吗？

左脑开发

413

+ **难度级别**：初级
+ **思考时间**：5分钟
+ **得　　分**：5分

买票

　　甲打算买一张地铁票，于是给在窗口卖票的小姐递了5元钱，她问甲是不是买联票（有两种票：一种为5元的联票，一种为3元的普通票）。可是甲后面的人同样拿了5元钱买票，卖票小姐却什么也没有问，给了那人一张联票。

　　请问，这是为什么？

左脑开发

414

+ **难度级别**：初级
+ **思考时间**：5分钟
+ **得　　分**：5分

妈妈乘车

　　小强的妈妈每天乘电车或汽车上班。电车站和汽车站紧挨着，两种车都经过小强家门口和妈妈单位的门口，两种车都是每隔10分钟开一趟，电车总在汽车后面，两辆车前后只差1分钟。本来，小强的妈妈乘任何一种车的机会应该是相等的，但小强发现，妈妈的车票中汽车票几乎占90％，而电车票仅有10％。小强奇怪地问妈妈："这是为什么呢？"妈妈说："你仔细想想就知道了。"可是小强前思后想，就是想不通。

　　你知道这是为什么吗？

左脑开发

415

+ **难度级别**：初级
+ **思考时间**：5分钟
+ **得　　分**：5分

无辜的嫌疑犯

　　原警察局长劳斯回老单位办事时，见大建筑商迪森被关在审讯室里，十分惊奇，老下属赶忙介绍了经过。

　　事情原来是这样的：为了方便居民们来往于护城河两岸，政府出钱建造了一座全钢结构的跨河大桥，这个项目是由迪森负责的。在工程竣工后，政府决定在大桥上设立收费站，收取过往车辆的费用来支付维修和工程消耗。而迪森据说是收了河东一个运输集团的贿赂，只设立了从河西到河东的收费站，而从河东到河西完全不必缴费。这个决定无疑有利于位于河东的运输集团。

　　消息被公布后，检察机关非常重视，当天就把他逮捕了。迪森辩护说，在一边设立收费站收取往返车费，效果是一样的，但是，他的话没人听得进去。

　　老下属说："好好一座桥，只在一边设收费站，这不说明中间有鬼嘛。"

　　劳斯摇摇头说："我倒不这么认为，可怜的迪森似乎是无辜的！"

　　你觉得迪森是无辜的吗？

左脑开发¬
416

+ 难度级别：初级
+ 思考时间：5分钟
+ 得　　分：5分

不怕死的人

水面上有一条船，一群人正在船上说话。这时，船慢慢沉了下去。可是，奇怪的是：既没有人去穿救生衣，也没有人上救生艇逃命，大家还跟刚才一样做事情，直到船完全沉没。难道这些人都不怕死吗？

你知道这是为什么吗？

左脑开发¬
417

+ 难度级别：初级
+ 思考时间：5分钟
+ 得　　分：5分

脚印

在一个没有月亮的夜晚，王小姐在海边的沙滩上看到一个穿白衣服的小男孩。小男孩一个人默默地走着。王小姐走过去，想问问男孩在干什么。这时，男孩看了王小姐一眼，然后继续走着。王小姐也顺着男孩的眼神看他身后的沙滩，奇怪的是，居然没有看到脚印。

这究竟是怎么回事呢？（提示：这可不是什么鬼故事。）

左脑开发¬
418

+ 难度级别：初级
+ 思考时间：5分钟
+ 得　　分：5分

医院凶案

一天早晨，有个病人在医院的病床上被人用水果刀刺死了。侦探阿牛负责调查此案。他在医院的花园里很快找到了凶器——水果刀。由于凶手在行凶时用布裹着刀，因此刀柄上没有凶手的指纹。可是，在水果刀被发现时，细心的阿牛发现刀柄上爬着许多蚂蚁。行凶时医院还未开门，所以阿牛认为凶手很可能也是医院的病人。

经调查，有3个病人的嫌疑最大，即：5号病房的肠结核病人，7号病房的糖尿病病人，9号病房的肾炎病人。阿牛看到这份名单时，随即指着其中一个说："凶手一定是这个病人。"

凶手到底是哪一个？为什么侦探阿牛这么肯定呢？

左脑开发¬ **419**	+ **难度级别**：初级 + **思考时间**：5分钟 + **得　　分**：5分

无赖的马脚

　　无赖雪特得知有一幢海滨别墅房子的主人去瑞士度冬假了，要到月底才能回来，便起了邪念。一个夜晚，雪特找到懒鬼华莱，两人潜入了别墅，撬开前门，走进屋里。他们从冰箱里拿出两只肥鸭放在桌子上，让冰融化。雪特还点燃了壁炉里的干柴，屋子里更暖和了。他们一边坐在桌边，吃着散发着诱人香味的肥鸭，一边把电视打开，将音量调得很低，看电视里的天气预报节目。突然，门外进来了两个巡逻警察，站在他们面前，朝他们晃了晃两副叮当作响的手铐。

　　雪特和华莱究竟在什么地方露出了马脚呢？

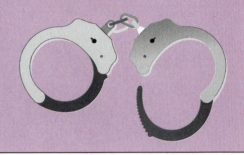

左脑开发¬ **420**	+ **难度级别**：初级 + **思考时间**：5分钟 + **得　　分**：5分

星球

　　×星球的探险家正在做星际旅行。他这样向总部汇报自己看到的情况：

　　"在这个星球上，当你朝上扔出一块石头后，它只在空中飞行一小段后就停在半空中，再向你的方向飞回来，当然它绝不是碰到了什么东西被弹回来的。"

　　你知道×星球的探险家说的是哪个星球吗？

左脑开发¬ **421**	+ **难度级别**：初级 + **思考时间**：5分钟 + **得　　分**：5分

酒鬼

　　有一个酒鬼，看到一本书上说喝酒有很多害处：

(1)大量无节制地饮酒常使人的正常食欲受到抑制，影响人体从正常饮食中获取营养素；

(2)酒精会加速维生素B1缺乏症，如神经炎、手足麻痹颤抖；

(3)西方国家由于酒精中毒而导致的神经炎占各种原因引起的神经炎的首位……

　　酒鬼看到这里，大受刺激，立即做出了一个决定。

　　你知道这是什么决定吗？

左脑开发 **422**
+ 难度级别：初级
+ 思考时间：5分钟
+ 得　　分：5分

特异功能

　　一天晚上，两个人正在灯下说话。突然，停电了，房间里漆黑一团。这两个人居然无法说话了。过了一会儿，来电了，两个人才开始继续说话。

　　这两个人有什么"特异功能"吗？

左脑开发 **423**
+ 难度级别：初级
+ 思考时间：5分钟
+ 得　　分：5分

他们是双胞胎吗

　　在一个班上，有这样两个男孩：他们的相貌一模一样，出生年月日也一样，就连父母的名字也一样。可是，当别人问他们是不是双胞胎时，他们却回答："不是。"他们并没有说谎。

　　你知道这是怎么回事吗？

左脑开发 **424**
+ 难度级别：初级
+ 思考时间：5分钟
+ 得　　分：5分

移花接木

　　阿华死在自己的卧室里，尸体是被一天早上来访的记者朋友发现的。记者立刻拨打电话报警，刑警和法医以最快的速度赶到了现场。

　　大约1小时后，刑警问法医："死因和死亡时间确定了吗？""是他杀，大概死了24个小时了吧，但现场没有作案的痕迹。"法医说。刑警很纳闷，突然，他注意到桌子上的蜡烛，火苗还一跳一跳地，并顺手打开了日光灯，却发现停电了。猛然，他意识到什么。"原来这尸体是从别处运过来的。"

　　请问，刑警是凭什么推理的呢？

左脑开发 425

+ **难度级别**：初级
+ **思考时间**：5分钟
+ **得　分**：5分

真假之辨

某天早上，在一户人家的围墙外，发现了一具男尸。他赤着脚，双脚脚底从脚尖到脚跟有几条伤口，纵向的伤口还在渗着血。

接到报案后，警长带领着刑警小刘等人，立即驱车赶往现场。

"这个男人一定是爬上了这棵树，想潜进这户人家去偷窃。但是因为脚滑，不小心从树上掉下来摔死的。真是一个笨小偷。"刑警小刘如此说道。

"有道理。"其他人也说。

"不！这个人不是从树上摔下来致死的，只是凶手运用了一点技巧，使他看起来像是从树上跌下来死掉的。"经验丰富的警长识破了这种伪装的杀人手段。

那么，警长是怎样辨别出来的呢？

左脑开发 426

+ **难度级别**：初级
+ **思考时间**：5分钟
+ **得　分**：5分

明察秋毫

市区有一家银店遭劫，营业员向警长指控阿峰是作案者："银店刚开门，阿峰闯进来了，当时我正背对着门。他命令我不准转过身来，我觉得有支枪管抵在我的背上。他叫我把壁橱内陈列的所有银器都递给他，我只好照办。"警长问："你一直是背对着他的，那又怎么知道他就是阿峰呢？"营业员说："我们的银器总是擦得非常亮，在我递给他一个大水果碗时，我见到了他映在碗中的头像。"在一旁静听的探长发出了警告："不要再演戏了，你才是偷走银器的罪犯。"

探长为什么断定营业员是罪犯呢？

左脑开发 427

+ **难度级别**：初级
+ **思考时间**：5分钟
+ **得　分**：5分

遗书

在美国旧金山的一家旅馆内，有一位客人中毒身亡，名侦探吉姆接报后前往现场调查。

"这个英国人3天前就住在这里了，桌上还留有遗书。"旅馆负责人指着桌上的一封信说。

吉姆小心翼翼地拿起遗书细看，里面的文字是用打字机打出来的，只有签名及日期是用笔写上的。

吉姆凝视着信上的日期——3.15.89，然后说道："如果死者是英国人，那么这封遗书肯定是假的。我相信这是一宗谋杀案，凶手很可能是美国人。"

吉姆凭什么如此说呢？

左脑开发
428

+ 难度级别：初级
+ 思考时间：5分钟
+ 得　　分：5分

不翼而飞的钻戒

一艘客轮正在海上航行，住在头等舱的一位女工程师来到甲板上散步。突然狂风大作，8分钟后她返回了房间，发现价值2万美元的钻石戒指不翼而飞，便急忙报案。

乘警立即对附近的船舱逐一搜查。当他们搜查到隔壁的客舱时，发现一个自称为演员的小姐正在写作，

桌案上还放着一叠稿纸。

"小姐，您是从什么时候开始写作的？""从晚上7时到现在，我一直在写。"

警长发现稿纸上的字十分整齐秀丽，便大声说："您在说谎！"

几个警察立即搜查，果然搜出了赃物。原来，这名演员是个女贼。

请问：警长是根据什么断定女演员说谎的？

左脑开发
429

+ 难度级别：初级
+ 思考时间：5分钟
+ 得　　分：5分

智取宝石

皇宫的密室里藏有3颗价值连城的钻石。为了防止被盗，国王命人在装宝石的盒子里放了一条毒蛇。可在一天晚上，有一个神偷把钻石偷了出来。他既没有戴手套，也没有用任何方式接触到毒蛇，而且把钻石偷走后毒蛇依然安静地待在盒子里。

你能猜出神偷是怎样把钻石偷出来的吗？

左脑开发
430

+ 难度级别：初级
+ 思考时间：5分钟
+ 得　　分：5分

逃学的小杨

有一天，小杨不想去上学了，就让同学帮他带一张请假条给班主任。为了表明自己确实病得很严重，小杨用圆珠笔写了满满一张纸描述病情，并强调说自己是躺在病床上仰面写完的。可班主任看了请假条之后，就说："小杨是想逃课，他这是在欺骗老师。"

你知道班主任是怎么看出小杨的破绽的吗？

左脑开发¬
431

+ **难度级别**：初级
+ **思考时间**：5分钟
+ **得　　分**：5分

降旗

按规定，升旗和降旗的速度是一样的。可有一次，升旗员按规定办事要降半旗，他降半旗的时间比平时升旗的时间还要长些。升旗员这样做，并没有违反规定，反而是照章办事的结果。

你知道这是为什么吗？

左脑开发¬
432

+ **难度级别**：初级
+ **思考时间**：5分钟
+ **得　　分**：5分

取地瓜

哥哥要到地瓜窖里去取地瓜。

弟弟说："你下去，我用手电筒给你照明。"

哥哥说："最好用蜡烛。"

弟弟不明白，说："手电筒不是比蜡烛亮吗？而且蜡烛拿着也不方便，为什么不用手电筒呢？"

哥哥说："你没有学好化学吧？"

弟弟却说："蜡烛和手电都是光，这跟化学又有什么关系呢？"

你知道哥哥为什么坚持要用蜡烛照明吗？

左脑开发¬
433

+ **难度级别**：初级
+ **思考时间**：5分钟
+ **得　　分**：5分

2米长的鱼竿

小光钓鱼回来，要坐公共汽车回家。可是，公共汽车上有规定：2米长（含2米）的物品禁止上车。而小光的鱼竿长2.10米，而且不能折叠，这可怎么上车呢？

小光看到公共汽车站旁边有个废品收购站，便想出了一个办法，终于顺利上车了，而且他并没有破坏公共汽车上的规定。

你知道小光想的是什么办法吗？

左脑开发┐
434
+ **难度级别**：初级
+ **思考时间**：5分钟
+ **得　　分**：5分

体重减轻后

在月球上，重力只有地球上的 1/6。已知，某种狮子在地球上的奔跑时速是80千米。如果把这只狮子放到月球上，那么它在1个小时的时间里能够跑多远呢？

左脑开发┐
435
+ **难度级别**：初级
+ **思考时间**：5分钟
+ **得　　分**：5分

握手

在两间相连的空房内，取一张普通的报纸铺在地上，A、B两人都站在这张报纸上，虽然两人离得很近，却握不到对方的手。

你知道这是怎么回事吗？

左脑开发┐
436
+ **难度级别**：初级
+ **思考时间**：5分钟
+ **得　　分**：5分

她能看到什么

我们知道，镜子能照出人的影子来。如果在一个人的面前放1面镜子，就会照出1个人影。如果在这个人的两侧放2面镜子，就会照出2个人影。如果在这个人的四周（前后左右）放4面镜子，就会照出4个人影。

请问：假如有一间屋子，屋内的上下左右，前前后后都铺满了镜片，

当一个小姑娘走进来，她会看到什么样的影像呢？

左脑开发 437

- 难度级别：初级
- 思考时间：5分钟
- 得　　分：5分

一群特殊的人

有一个人做了一个奇异的梦，梦中他来到一间两层楼的屋子里。

当他进到一楼时，发现在一张长长的大桌子旁都坐着人，而桌子上摆满了丰盛的佳肴，可是没有一个人能吃得到，因为大家的手臂受到魔法师诅咒，全都变成直的，手肘不能弯曲，而桌上的美食，夹不到口中，所以个个愁容满面。

然后，他继续向上爬楼梯，却听到楼上充满了欢愉的笑声。他好奇地上楼一看，同样的也有一群人，手肘也是不能弯曲，但是大家却吃得兴高采烈。

你知道二楼的人们是怎么吃到美食的吗？

左脑开发 438

- 难度级别：初级
- 思考时间：5分钟
- 得　　分：5分

百发百中

在一条笔直的路上，有一个神枪手拿枪瞄准了一个100米远的人。那个人高2米，子弹始终是离地面1.5米笔直地打过去的，可是此人却安然无恙。毫无疑问，目标在射程以内，目标也始终未动，既没有跑掉，也没有躲开。

为什么会出现这种情况呢？

左脑开发 439

- 难度级别：中级
- 思考时间：10分钟
- 得　　分：6分

智认偷鸡贼

古时候，有一个人到县衙控告别人偷了他的鸡。县令便把他的左邻右舍传来审讯。左邻右舍都低着头跪在案桌前，但谁也不承认自己偷了鸡。县令随便问了几个问题后，说："你们暂且回去，改日升堂再审。"可就在众人纷纷站起来往外走时，县令突然拍案大喝了一句话，那个偷鸡的人闻言不由自主地颤抖着双腿，屈膝跪在地上。

你知道机智的县令大喝了一句什么话吗？

左脑开发
440

+ 难度级别：中级
+ 思考时间：10分钟
+ 得　　分：6分

大脚男人

　　最近，警方又破了一个案子。案犯陈先生因为女友莉莉骗了他的钱财，决心报复并杀害她。一个初春的周末，他将莉莉杀害后，为了混淆脚印，特意穿着莉莉的小高跟鞋逃离了现场。陈先生

身材十分高大，更以大脚见称，他穿46号的鞋。莉莉则恰恰相反，她个子矮小，只能穿35号的小高跟鞋，所以陈先生的大脚，绝不可能塞得进莉莉那双细小的高跟鞋内。

　　你知道陈先生是怎样穿着莉莉的鞋逃走的吗？

左脑开发
441

+ 难度级别：中级
+ 思考时间：10分钟
+ 得　　分：6分

偷牛案

　　有一天，牧场主彼得向警局报案，说他有两头小牛被偷了。警局派出人马到处寻找，一直没有结果。过了一年，有个警察在巡逻时，发现一名男子形迹可疑。经过审问得知，这男子叫亨利，有偷牛的嫌疑。警方搜查了他的牧场，发现有6头牛，牛身上没烙印，颜色也差不多。警局只好请牧场主彼得来认牛。彼得赶到后，迅速向警方提供了证

据，证明其中有两头就是自己被偷的牛。

　　你知道彼得提供的证据是什么吗？

左脑开发 442

+ 难度级别：中级
+ 思考时间：10分钟
+ 得　　分：6分

滑雪板之谜

在一个冬天，有游客举报说某滑雪场的一幢别墅里潜入了被通缉的在逃犯。

警察得知后，立即出动进行搜捕，但来晚了一步，别墅现场的迹象表明罪犯已经逃走。

看来罪犯是滑雪逃跑的，雪地上还留有滑雪板的痕迹。可是，滑雪板留下的印迹呈交叉状，这倒使警察感到奇怪。

你知道逃犯的脚是怎么踩着滑雪板逃走的吗？

左脑开发 443

+ 难度级别：中级
+ 思考时间：10分钟
+ 得　　分：6分

字迹辨凶

住在宾馆7号房间的李西小姐的手反绑着，被人溺死在浴缸里。侦查人员赶到现场，发现浴缸里有支铅笔，浴缸壁上有铅笔字"6"。经辨认，这个数字是李西小姐临死前写的，显然与凶手有关。

侦查人员经调查发现，住在6号房间和9号房间的两位先生都很可疑。可宾馆保安正要去抓住在6号的先生时，侦查人员却指着住在9号的先生说："凶手是他！"

你知道这是为什么吗？

左脑开发 444

+ 难度级别：中级
+ 思考时间：10分钟
+ 得　　分：6分

彩虹破案

夏天里一个晴朗的日子，在日本东京的一幢公寓内，发生了一宗凶杀案，案发时间大约是下午4时左右。警方经过3天的深入调查后，终于拘捕了一个与案件有关的疑犯。但是，疑犯向警方提供证据证明当时自己并不在现场。他说："警察先生，事发当天，我一个人在箱根游玩。直到下午4时左右，我到芦之湖划船。那时正好是雨后天晴，我看到富士山旁西面的天空，横挂着一条美丽的彩虹，所以凶手是别人，不是我！"

你知道疑凶的话里有什么破绽吗？

<table>
<tr><td>左脑开发
445</td><td>＋难度级别：中级
＋思考时间：10分钟
＋得　　分：6分</td></tr>
</table>

智断不孝案

　　古时候，有一个老妇把儿子和媳妇送到县衙里，控告他们不孝。县官升堂问讯，老妇说："儿子和媳妇一向不孝顺，今天是我的生日，他们仍然给我吃很粗劣的饭菜，而他们自己却享受着酒肉佳肴。"县官把老妇的儿子和媳妇传进来问讯，他们只是哭，并不说什么。县官对老妇人说："我这里有不孝顺的百姓，是我的罪过。你儿子和媳妇不孝顺，应该严加惩处。但今天是你的生日，处罚你家人也不吉利，我应当给你祝寿，来赎还我的罪过，同时让你儿子和媳妇感到惭愧。"于是，县官命令在堂下摆设宴席，并要来面食，让老妇和儿子媳妇面对面吃东西，他却去问别的案子，并不马上发落此案。左右的人都不知道县官要怎样断这个案子。

　　你知道县官要怎样断这个案子吗？

<table>
<tr><td>左脑开发
446</td><td>＋难度级别：中级
＋思考时间：10分钟
＋得　　分：6分</td></tr>
</table>

鸡蛋里的秘密

　　第一次世界大战期间，法国索姆的一部分被德国占领，被分成两半。同一城市的居民被分界线隔开，但来往依旧。

　　在这些来往的人群中，有一个中年妇女引起了反间谍人员的注意。她几乎每天都要穿过分界线，从德占区走到法占区去看望她的弟弟。

　　一天，中年妇女又像往常一样从法占区弟弟的家返回，提着一篮子熟鸡蛋来到分界线的检查站。一位反间谍人员上前检查。他从篮子里拿起一个鸡蛋，摆弄半天，随手往上一抛，然后用手接住。这样一个没有恶意的小游戏，却使这个妇女的表情有些异样。"莫非这鸡蛋中有什么名堂？"法国检查人员停下来仔细检查鸡蛋，但找不出破绽，蛋壳上没有任何记号。可是，这个妇女何至于这样慌乱呢？于是，他把这些熟鸡蛋敲开，小心地剥去蛋壳，在一个鸡蛋的蛋白上竟然发现了许多很小的符号和字迹！经破译之后才知道，蛋白上的符号和字迹标出了法军各支部队的驻扎区域，法军的全部防线都在这个鸡蛋内。

　　请你想一想：鸡蛋内有字，鸡蛋壳上却什么也看不出来，这是为什么呢？

左脑开发 447	✛ 难度级别：中级
	✛ 思考时间：10分钟
	✛ 得　　分：6分

失踪的邮票

　　间谍杉菜这次来P国有重要任务——从当地的情报人员手里得到一片写有绝密情报的芯片，并把它带回本国。

　　杉菜看了看手表，时间已经是下午3点10分，比预定好的接头时间晚了10分钟。这时，受伤的情报人员出现了，他把一个信封塞给杉菜。杉菜迅速回到宾馆，把染着鲜血的信封拿出来，小心地剪下了上面的邮票，果然发现它比普通的邮票厚一些，原来芯片就粘在邮票后面！正当她收拾东西准备离开的时候，听到有人急促地敲门。只有几十秒的时间，房门就被推开了。一帮警察走进来说道："我们奉命搜查。"接着，警察们把杉菜的所有行李和房间的每个角落都搜查了一遍，女警察甚至搜了杉菜的身，却没有任何发现，房间里好像从来没出现过一张邮票似的，只有电视机和电扇的响声一起一落。警察们只好悻悻离开。

　　你知道杉菜把邮票藏在什么地方了吗？

左脑开发 448	✛ 难度级别：中级
	✛ 思考时间：10分钟
	✛ 得　　分：6分

室内谋杀案的凶手

　　一间屋子中发生了谋杀案，涉案者为房主、租房者共4人。房主是一对老年夫妇，租房者是一对青年夫妇。其中，有一个人杀死了另一个人，第三个人是谋杀的目击者，第四个人是从犯。此外，这4个人中：

(1)从犯和目击者是异性；
(2)年龄最大者和目击者是异性；
(3)年龄最小者和死者是异性；
(4)从犯比死者年龄大；
(5)男房主年龄最大；
(6)凶手不是年龄最小者。

　　请问，这几个人中，到底谁是真正的凶手呢？

左脑开发 449	✛ 难度级别：中级
	✛ 思考时间：10分钟
	✛ 得　　分：6分

信封内的当天早报

　　一天早晨，王强收到一封让他大吃一惊的信，信封上的邮戳是两天前的，信封口封得很严密，可是信封内装的却是这天早上的报纸。如果不是乘坐时空飞船到未来世界，这样的事情根本不可能发生。但是经过一番思考，他解开了这个谜。

　　你知道这个谜是什么吗？

左脑开发┐ **450**	┼ **难度级别**：中级
	┼ **思考时间**：10分钟
	┼ **得　　分**：6分

聪明的牧人

很久以前，一个国王制定了一条奇怪的法令：牧人每经过一个渡口，都要被没收一半的牲口，然后再退回两头。

有一个聪明的牧人想出了一个好办法，他赶着1000头羊过了渡口，却没有损失一只羊。

你知道这是为什么吗？

左脑开发┐ **451**	┼ **难度级别**：中级
	┼ **思考时间**：10分钟
	┼ **得　　分**：6分

走私犯

某走私犯混在一个旅游团中，准备浑水摸鱼，携带走私物通过海关。该旅游团的每一个游客都通过了海关的检查，走私犯的行李也安然通过。走私犯正在扬扬得意，不料有个海关人员把他叫住了，要求复查他的箱子，因为海关官员发现了一件装着重物的行李。

你知道是什么引起海关官员的注意吗？

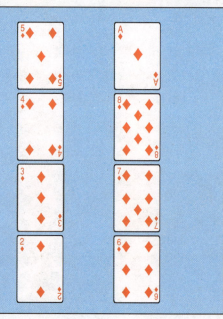

左脑开发┐ **452**	┼ **难度级别**：中级
	┼ **思考时间**：10分钟
	┼ **得　　分**：6分

小孙取什么牌

桌上放着1点至8点的8张牌（如右图）。老孙、大孙和小孙祖孙3个人来取牌，每人取两张。他们把自己所取的两张牌的点数加起来分别是：老孙为14点，大孙为11点，小孙为8点。

请你动动脑筋想一想，小孙取的到底是哪两张牌。

左脑开发 ¬
453
+ 难度级别：中级
+ 思考时间：10分钟
+ 得　　分：6分

破案

这件案子发生在夏天的晚上。

渔民A、B坐在远离村子的一条河堤上，一边乘凉一边闲聊，四周没有别人。因为天气闷热的缘故，蚊子特别多，咬得人心里直发烦。两个人谈着谈着，突然大吵起来。A一气之下，随手拿了一块石头击中了B的头部，没想到一失手就把B打死了。A为了逃避罪责，匆忙用杂草将B的尸体盖住，然后逃离了现场。当然他在逃走前，没忘记把自己的脚印和指纹都抹掉。

第二天，尸体被人发现后，警方对现场进行调查，虽然村民们谁也没看到A和B吵架，但警方还是一下子就捉住了A。事实上，警方是根据A的血液破案的。

你知道警方是怎么破案的吗？

左脑开发 ¬
454
+ 难度级别：中级
+ 思考时间：10分钟
+ 得　　分：6分

奇特的加法

在下面的式子中，每个字母代表一个数字。

请你找找看，每个字母代表哪个数字，这个加式才能成立呢？

```
  L A S C I E N C E
            E T
+     L A V I E
  5 1 7 2 9 5 6 0 4
```

左脑开发 ¬
455
+ 难度级别：中级
+ 思考时间：10分钟
+ 得　　分：6分

魔鬼的桥

传说，一个魔鬼建造了一座桥，桥上写着："你只要走过这座桥，你身上的钱就会增加一倍；走回来，又增加一倍。每走一回，均会增加一倍。但每次过桥，你都要给魔鬼24个铜子。"

一个穷人听说这个消息，跑来过桥。他第一次走过桥，给了魔鬼24个铜子，又走回来给了魔鬼24个铜子，到第三次时他的口袋里只有24个，只好全给了魔鬼。突然，桥消失了，穷人回不去了，他非常懊恼和后悔。

你能猜出穷人口袋中最初有多少个铜子吗？

左脑开发
456

＋**难度级别**：中级
＋**思考时间**：10分钟
＋**得　　分**：6分

凶手去向

　　清晨，阿冰正骑自行车晨练。忽然，他发现在街旁躺着一位奄奄一息的警察。原来，警察被一名青年持刀刺伤，凶手夺了自行车逃跑了。

　　阿冰一面报警，一面沿着警察手指的方向追击。他追到不远的地方（上坡处）出现了岔道，此处正在施工，路面铺有一层黄沙土。他仔细察看路面，发现两条岔道均有自行车的压痕，左边路上的轮印一深一浅，右边路上的两条轮印深浅一致。他思索了一会，果断地向右边追击，并向警方汇报他的追击路线。不久刑警驱车赶到，果然在右路上捕获了凶手。

　　阿冰是如何认定凶手逃窜路线的？

左脑开发
457

＋**难度级别**：中级
＋**思考时间**：10分钟
＋**得　　分**：6分

门铃

　　在一间审讯室里，警长正在审讯一个嫌疑犯。

　　"上星期天晚上9点，你在哪里？"警长问道。

　　"我在家里。"嫌疑犯回答。

　　"可是，有人去过你那里，按了半天门铃也没人应。"警长说。

　　"是的，我家那天保险丝烧了，没有电，所以我很早就睡了。没有电，门铃也不响，所以有人按门铃我一点也不知道。"嫌疑犯说。

　　警长却马上说："你在撒谎！"

　　请你想一想：警长为什么这样说呢？

左脑开发
458

＋**难度级别**：中级
＋**思考时间**：10分钟
＋**得　　分**：6分

不足之处

　　一天，在某城市的繁华大街上，一个画家正在卖画。他卖的那张画上画的是一个小孩。小孩睁着眼睛，张着嘴，在数苹果，正数到第五个苹果。围观的人们都称赞这张画画得栩栩如生。这时，有个农民走了过来。他看了看画，说："这张画看上去还不错，可惜有点小毛病！"大家听了，都很惊讶，忙问为什么。这个农民说出了自己的看法，大家听了，纷纷点头。画家听了，也很佩服。

　　你能说出这幅画的毛病在什么地方吗？

左脑开发┐
459

+ **难度级别**：中级
+ **思考时间**：10分钟
+ **得　　分**：6分

移桥墩

　　山洪冲毁了森林公园边上的小桥，还把钢筋水泥做成的桥墩冲到下游去了。森林公园的管理员想在原处重新建桥，这就需要把冲走了的桥墩搬回来。管理员带着工人们摇来两只大船，在下游水深处找到了桥墩。几个工人把绳子系在桥墩上用力拉，可是桥墩太重，又被深陷在泥沙中，根本拉不动。如何才能把沉重的桥墩从河底的泥沙中拔出来呢？这可愁坏了大家。后来，多亏一个熟悉水路的老河工想了一个办法，才把桥墩拖到了上游。

　　请你想一想，老河工的办法是什么？

左脑开发┐
460

+ **难度级别**：中级
+ **思考时间**：10分钟
+ **得　　分**：6分

同样的路程

　　10月22日是星期天，正好是老杜女儿的生日，所以这一天老杜要在家吃午饭，为女儿庆祝生日。可是，单位忽然来电话说单位有要事需要他去处理。老杜只好离开家，他想：尽快处理完事情，争取在12点返回家。

　　老杜是9点离开家的，结果去单位时路上堵车，比预定时间多了1倍，原路回来时由于路上没什么车辆就用比去时快4倍的速度赶路。

　　请你分析一下，老杜在12点可以赶回家吗？

左脑开发┐
461

+ **难度级别**：中级
+ **思考时间**：10分钟
+ **得　　分**：6分

谁在说谎

　　有个农夫种了两块南瓜地：一块在山的南边，一块在山的北面。一天，农夫想考验一下两个儿子谁更诚实，就对两个儿子吩咐道："你俩去看看，地里的南瓜长多大了。大虎，你去山南边，二虎，你去山北边。"于是，两个儿子立即去了。回来后，大虎说："山南边的南瓜最大的有半个碗底大。"二虎说："山北的南瓜最大的有一个碗底大。"10天后，农夫亲自去看，只见两块地里的南瓜都是一般大。奇怪的是，山南最大的南瓜不是半个碗底大，而是一个碗底大；山北最大的南瓜正如二虎所说的是一个碗底大。农夫气冲冲地回来了，把其中的一个儿子骂了一顿，说这个儿子骗了他。

　　你知道到底是哪个儿子说了谎话吗？

左脑开发┐
462

+ 难度级别：中级
+ 思考时间：10分钟
+ 得　　分：6分

教科书里的发现

　　鸵鸟馆从非洲运来一只鸵鸟，不久鸵鸟却被人杀害了。警察阿平发现，鸵鸟的胃被人切开了。为了破案，他翻阅了一本动物学的教科书，发现了这样的记载："鸵鸟没有牙齿，但它的胃很特别，要经常吞食小石子来弄碎食物。这些小石子能较长时间地留在鸵鸟的胃里。"阿平看完，马上抓捕了负责运送鸵鸟的阿郎。经审问，阿郎果然是真凶。

　　请问，阿郎为什么要杀害鸵鸟呢？

左脑开发┐
463

+ 难度级别：中级
+ 思考时间：10分钟
+ 得　　分：6分

问路

　　一天下午，伊索在村外大路上散步，一个过路人向他问路："我从这里走到城里还要走多长时间呢？"伊索回答："走就是了！"过路人说："我知道我要走，但是我想知道还要走多久才能到城里。"伊索大声喊道："走就是了！"过路人非常生气，于是他就走了。突然，他听见伊索对他喊道："你在太阳偏西时就可以到达城里了。"过路人感到奇怪，便又跑回来问伊索："你刚才为什么不告诉我呢？"伊索只回答了一句。

　　你能猜出伊索是如何回答他的吗？

左脑开发┐
464

+ 难度级别：中级
+ 思考时间：10分钟
+ 得　　分：6分

讨水

　　炎热的一天，一个旅行者路过一个偏僻的山寨，看到一个农村妇女正在屋前乘凉，就向她要点凉水喝。农妇说："抱歉，我们这里没有现成的凉水，不过我会给你马上制出来的。"只见农村妇女取来一个泥罐，往里面装水，又用湿毛巾把泥罐包起来，放在太阳下曝晒。旅行者想：太阳会把水越晒越热的，那还怎么喝呀？一会儿，农妇把泥罐取回递给旅行者。旅行者一喝，水果然是凉凉的。

　　请问，这是什么道理呢？

左脑开发┐
465

+ **难度级别**：中级
+ **思考时间**：10分钟
+ **得　　分**：6分

鲶鱼效应

沙丁鱼的天敌是鲶鱼。西班牙人爱吃沙丁鱼，但沙丁鱼非常娇贵，极不适应离开大海后的环境。当渔民们把刚捕捞上来的沙丁鱼放入鱼槽运回码头后，用不了多久沙丁鱼就会死去。而死掉的沙丁鱼味道很差，因此销量也少，如果抵港时沙丁鱼还活着，卖价就要比死鱼高出很多倍。为了延长沙丁鱼的存活期，渔民想方设法让鱼活着到达港口，都不很理想。后来，有个聪明的渔民想出一个法子，保证了沙丁鱼能在抵港时仍然活着。

你知道渔民想的是什么法子吗？

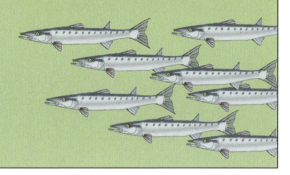

左脑开发┐
466

+ **难度级别**：中级
+ **思考时间**：10分钟
+ **得　　分**：6分

华佗三兄弟

华佗是三国时期的名医。

有一次，华佗给关公治病，关公问华佗："你们家兄弟三人，都精于医术，到底哪一位最好呢？"

华佗回答："大哥最好，二哥次之，我最差了。"

关公再次问道："那么为什么你最出名呢？"

华佗做了合情合理地回答，既合于医理，又照顾了兄弟情面。关公听了很是佩服。

你知道华佗是怎么说的吗？

左脑开发┐
467

+ **难度级别**：中级
+ **思考时间**：10分钟
+ **得　　分**：6分

最大的影子

某公司有这样一道面试题：地球上最大的影子是什么？

有人回答："蓝鲸，因为蓝鲸是地球上最大的动物。"也有人回答："地球第一高楼，因为只有最高的东西才能留下最大的影子。"还有人回答："当然是珠穆朗玛峰啦。"

尽你的所学，你能回答这道题吗？

死人开枪

　　某宾馆的一间房里突然传出一声枪响，宾馆经理急忙赶来，可是房子的大门是由里面锁着的。当宾馆经理准备用钥匙开门时，里面又发出了枪声，子弹穿过大门，差一点就射中宾馆经理。宾馆经理在惊魂未定中打开了大门，只见一名男子右手握枪，伏在桌子上，已经死亡。死者的额头中弹，现场有死者生前写好的遗书，证实这的确是一起自杀事件。

　　问题是：死者自杀后，又怎么能开第二枪呢？

乒乓球比赛

　　某市即将举行乒乓球赛。按规定：无论是练习还是比赛，所使用的乒乓球的重量必须是10克。

　　某队被告知：他们所带去的324只球中，有1只球的重量不合格。

　　可是，究竟哪一只不合格呢？后来，一名队员使用无码天平，只称了两次就把这个球找了出来。

　　请问：他是如何找到的？可能只称两次吗？

证据在哪里

　　在某空军训练基地附近，基地首长在一天中午被人杀死在屋里。因为这一天是星期日，基地的工作人员基本上都不在，整座单身宿舍楼只有包括基地首长在内的3个人，另两个是场勤A和场勤B。

　　保卫处长到了场勤B那儿，问道："今天中午你在哪里？"

　　"我在自己的宿舍里看电视，一天也没出门。"

　　"你听到基地首长房里有什么可疑的动静吗？"

　　"没有，一点也没有，因为电视里有我喜欢的节目，我看得入了迷。哦，对了，那时正好有一架飞机很讨厌地在楼顶上盘旋，我记得很清楚。"

　　"你说谎，罪犯就是你！"保卫处长一下子识破了他。

　　请问，保卫处长的证据是什么呢？

Chapter **07**

想象创意屋

　　想象力和创造力是人类发现和创造新事物的能力。如果你想提高想象力和创造力，就请在"想象创意屋"转一转吧！在本章中，如果你的得分在198分以下，那么你需要更多训练来增强想象力和创造力；如果你的得分在199~231分之间，表示你的想象力和创造力很普通；如果你的得分在232~264分之间，那么说明你的想象力和创造力非常出色；如果你的得分在265分以上，那么恭喜你，你是一个想象力和创造力超强的高手！现在就来检测一下吧！希望通过本章的训练，你能突破现行思维定式的限制，拥有更多的创意，做出更多富有建设性的革新和创造。

右脑开发¬
471
+ 难度级别：菜鸟
+ 思考时间：1分钟
+ 得　　分：1分

吃羊的狼

　　夜里，一只饥饿的狼看到铁笼子里关着一只肥羊，笼子缝隙正好能让饿狼钻进去。但是如果狼钻进去吃了羊，就会因为太胖而不能钻出来了。狼应该怎样做，才能吃到羊并从容逃脱呢？

右脑开发¬
472
+ 难度级别：菜鸟
+ 思考时间：1分钟
+ 得　　分：1分

木棍摆三角形

　　在不折断木棍的前提下，请你用下面三根木棍摆成一个三角形。

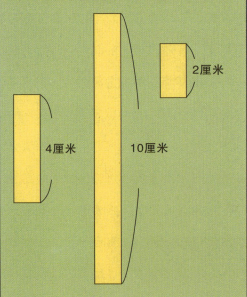

2厘米

4厘米　　10厘米

右脑开发¬
473
+ 难度级别：菜鸟
+ 思考时间：1分钟
+ 得　　分：1分

切蛋糕

　　爷爷的生日到了，聪聪送给爷爷一个大蛋糕。爷爷笑着说："聪聪，你能只切3刀就把这个蛋糕分成8块吗？"聪聪想了半天也不知道应该怎么切。

　　请问，你有什么解决的办法吗？

右脑开发 474

- 难度级别：菜鸟
- 思考时间：1分钟
- 得　　分：1分

真花和假花

　　春天到了，兄妹两人去郊外游玩。他们看到草地上鲜花盛开，蝴蝶和蜜蜂在花丛中飞舞，景色美极了。不一会儿，调皮的妹妹捧着两束一模一样的花，让哥哥猜哪一束才是真花。她要求哥哥只能看不能摸，更不可以闻。

　　如果是你，你有什么好办法吗？

右脑开发 475

- 难度级别：热身
- 思考时间：3分钟
- 得　　分：2分

竹篮打水

　　有一天，小猴子家的水桶漏了。猴妈妈做饭急着用水，可是一时找不到合适的东西打水。小猴子看着墙上的竹篮子，想了想说："咱们家的竹篮可以装水啊。"猴妈妈笑着说："傻孩子，竹篮怎么能装水呢？"可小猴子提着竹篮跑了出去，过了一会儿，它提着满满一篮子水回来了。妈妈看后夸奖它说："你真聪明！谁说'竹篮打水一场空'啊，只要肯动脑筋，用竹篮也能打水呢！"

　　你知道小猴子到底用了什么办法吗？

右脑开发 476

- 难度级别：热身
- 思考时间：3分钟
- 得　　分：2分

喝咖啡

　　佳佳特别喜欢喝咖啡。有一天，她看着满满一杯咖啡，上下打量，想先喝到杯底的那部分。

　　她怎样才能做到呢？

右脑开发¬ **477**	╋ **难度级别**：热身 ╋ **思考时间**：3分钟 ╋ **得　分**：2分

杯子里的草莓

　　有一个杯子里装着草莓，你能仅移动两根火柴就倒空杯子，取出放在里面的草莓吗？（注意：移动后的玻璃杯必须保持原来的形状。）

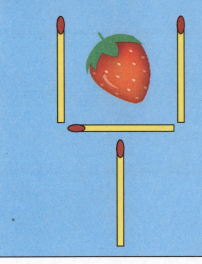

右脑开发¬ **478**	╋ **难度级别**：热身 ╋ **思考时间**：3分钟 ╋ **得　分**：2分

巧喝葡萄酒

　　小力请好友来家里吃饭，但是他在开葡萄酒时遇到了麻烦。原来葡萄酒的木塞塞得太紧了，怎么也拔不出来。后来小力想了个办法，大家终于喝到了美味的葡萄酒。

　　究竟是什么办法呢？

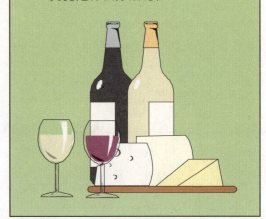

右脑开发¬ **479**	╋ **难度级别**：热身 ╋ **思考时间**：3分钟 ╋ **得　分**：2分

平房变楼房

　　一天，小美在纸上画了一栋漂亮的平房。同学小刚看到了，就想出个难题来考她。小刚问："小美，你能不借助任何绘画工具，将这栋平房变成两层高的楼房吗？"小美想了半天，也没想出什么好办法。

你有什么好办法吗？

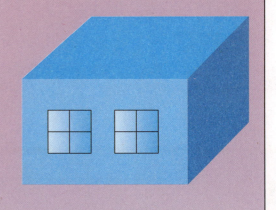

右脑开发¬
480

- **难度级别**：初级
- **思考时间**：5分钟
- **得　　分**：5分

画三角形

这是一道考验空间想象能力的题目。请你画一个三角形，使A、B、C三点必须落在每条边的中间。

你知道应该怎么画吗？

A •　　　　　C •

B •

右脑开发¬
481

- **难度级别**：初级
- **思考时间**：5分钟
- **得　　分**：5分

轮胎爆了

有个司机开着车去办事，半路上忽然有一个轮胎爆了。当他把轮胎上的4个螺丝拆下来，准备换备用轮胎时，不小心把4个螺丝踢进了下水道。他没有备用的螺丝，急得满头是汗。

这时，有个热心的年轻人路过这里，看到这番情况，只说几句话就帮助他解决了问题。没过多久，司机又开着车上路了。

你知道年轻人想出了什么样的妙计吗？

右脑开发¬
482

- **难度级别**：初级
- **思考时间**：5分钟
- **得　　分**：5分

将动物隔开

动物园某展区里共有11只动物（图中的每个图形代表一种动物）。这些动物经常打架，因此管理员想用4个足够长的隔板把它们隔离开，使得每个区域内仅有一只动物。

想一想，应该如何摆放这些隔板呢？（提示：隔板可以交叉摆放。）

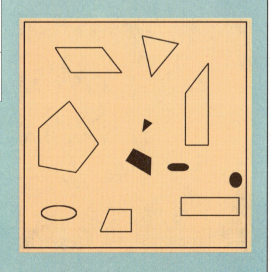

世界名校优等生都在做的思维训练

右脑开发 483

- ✚ 难度级别：初级
- ✚ 思考时间：5分钟
- ✚ 得　　分：5分

"BOOK" 的变化

　　"BOOK"在英语中是"书"的意思，你知道拿掉哪4根火柴可以使它变成另外的英文单词吗？

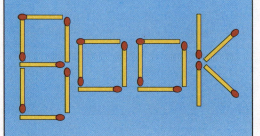

右脑开发 484

- ✚ 难度级别：初级
- ✚ 思考时间：5分钟
- ✚ 得　　分：5分

只切两刀

　　一天，乐乐的爸爸让乐乐只切两刀，就将一个马蹄形图片切成6块。乐乐认为这不可能做到。

　　你认为可能做到吗？快开动脑筋想一想吧。

右脑开发 485

- ✚ 难度级别：初级
- ✚ 思考时间：5分钟
- ✚ 得　　分：5分

断开的锁链

　　小宇特别喜欢狗，他经常带狗出去散步。一天晚上，他正要带狗出门，突然发现拴狗的锁链断成了4段（如下图）。

　　想一想，要将它们连起来，至少要打开几个环？

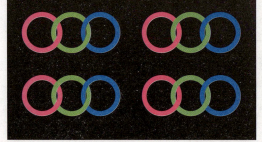

右脑开发 486

- ✚ 难度级别：初级
- ✚ 思考时间：5分钟
- ✚ 得　　分：5分

削苹果

　　芳芳正在削苹果，她用水果刀按一定宽度连续削下去，并且苹果皮没有断。最后，削下来的苹果皮平放在桌面上。你能想象出这堆苹果皮的形状吗？

右脑开发 487

难度级别：初级
思考时间：5分钟
得　　分：5分

坚固的大门

　　有个守财奴总担心钱财被盗，就为自己装满财宝的宝库装了一道大门。这道门特别坚固，即使使用10包炸药也炸不开。但是有一天，一个强盗趁财主不在家，只用一包炸药就进入了他的宝库，将财宝盗取一空。

　　你知道这个强盗使用的是什么办法吗？

右脑开发 488

难度级别：初级
思考时间：5分钟
得　　分：5分

简单的魔术

　　魔术师在一个杯子里装满清水，拿着杯底把杯子倒过来，可是水竟然没有流出来。观看表演的妮妮说："我也会。"

　　妮妮并不会变魔术，她是怎样做到的？

右脑开发 489

难度级别：初级
思考时间：5分钟
得　　分：5分

安全出行

　　一天，一位盲人牵着导盲犬上街。突然，导盲犬不小心撞到了柱子上。这一下撞得很严重，就连导盲犬也失明了。

　　请你发挥一下想象，以后盲人和导盲犬是怎样安全出行的呢？

右脑开发 ¬
490

+ **难度级别**：中级
+ **思考时间**：10分钟
+ **得　　分**：6分

三角形的队伍

　　体育课上，有15名学生排成了3列（如下图）。请让其中3名学生移动一下位置，使队伍变成三角形。

右脑开发 ¬
491

+ **难度级别**：中级
+ **思考时间**：10分钟
+ **得　　分**：6分

联欢晚会

　　某外国语学院举行迎新生联欢会，在一个圆桌旁坐着5个人。A是英国人，会讲法语；B是法国人，会讲日语；C是中国人，会讲英语；D是新西兰人，只会讲英语；E是日本人，会讲汉语。他们彼此需要交谈。

　　如果你是联欢晚会的主办人，你会如何为他们安排座位呢？

右脑开发 ¬
492

+ **难度级别**：中级
+ **思考时间**：10分钟
+ **得　　分**：6分

剪不"断"的绳子

　　将一根长绳子的一端系在杯子的柄上，另一端系在天花板的吊钩上，使杯子悬挂起来（如下图）。你能用剪刀剪断绳子的中央，却不让杯子掉下来吗？（注意：剪绳子时，人不能用手托住杯子或碰触绳子。）

右脑开发 493

- 难度级别：中级
- 思考时间：10分钟
- 得　　分：6分

8根铁丝

这里有8根铁丝，其中有4根的长度分别为另外4根的一半。不许弯曲，用这8根铁丝做3个同样大小的正方形。

你知道应该怎么做吗？

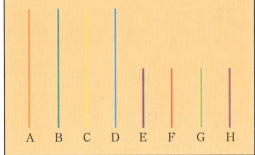

A　B　C　D　E　F　G　H

右脑开发 494

- 难度级别：中级
- 思考时间：10分钟
- 得　　分：6分

三兄弟

雷雷有两个兄弟，他们三兄弟分别住在3个互不相通的房间里，每个房间的门都配有两把钥匙。请你合理地安排房间的钥匙，使雷雷三兄弟随时都能进入每个房间。

右脑开发 495

- 难度级别：中级
- 思考时间：10分钟
- 得　　分：6分

爱面子的国王

从前有一位国王，不幸天生残疾，独手独眼还断了一条腿。他见历代国王都有画像流传，也想为自己画一幅肖像画。大臣得知他的心思，就请来全国最好的画家为他作画。这位画家原原本本地照着国王的样子画好了画，不料国王看后勃然大怒，喝道："你把我画得这么丑，这副样子怎么供后人瞻仰？"于是，他下令杀了这位可怜的画家。

大臣又请来一位画家为国王作画。这位画家害怕被杀，就把国王画得完美无缺。可是国王看后更生气了："画上的人不是我，你在讽刺我！"说完，他又传令把这位画家也杀了。

第三位画家怎么办呢？写实派的被杀了，完美派的也被杀了。快帮他出个主意吧！

右脑开发
496

+ 难度级别：中级
+ 思考时间：10分钟
+ 得　　分：6分

领金链

　　珠宝公司要奖励最佳员工一条金链，但是规定这名员工每周只能从这条7环金链上取走1环，切割费用自理。切割费用不菲，而且再将金链接起来还需要一笔费用。这名最佳员工想到了一个办法，只从链子上切下一环，就分7次领走了这条金链，节省了好多费用。

　　他用了什么办法呢？

右脑开发
497

+ 难度级别：中级
+ 思考时间：10分钟
+ 得　　分：6分

最后一个花瓣

　　有两个女孩正在玩游戏，每人每次把一到两个相邻的花瓣撕下来，谁得到最后一个花瓣就获胜。

　　如果你是其中一个人，那么你能想出一种策略，使得自己每次都能获胜吗？

右脑开发
498

+ 难度级别：中级
+ 思考时间：10分钟
+ 得　　分：6分

挡路的石头

　　林间小路上有一块大石头，把整条路都挡住了，来来往往很不方便。小熊、大象都去推，可是谁都推不动。动物们用绳子套住石头，大家一齐用力拉，可是绳子拉断了，大石头仍然纹丝不动。最后，一只猴子想出

个好办法，终于让石头搬了家。

　　猴子想出了什么办法呢？

右脑开发 499

+ 难度级别：中级
+ 思考时间：10分钟
+ 得　　分：6分

谁吃的东西大

在某教堂里进行了一次"比吃大东西的讲大话比赛"。聚集而来的人们一个个被叫进牧师的房间，让每个人说了一句关于"我吃了一样最大的东西"的话，如"我把地球当成江米团，撒满豆馅后一口吃掉了"，"把天上的星星扫拢起来，放在平底锅里煎着吃了"等。然而，没有哪一个人能比得上牧师吃的东西大。其中有一个

不服气的人心想："我就说没有比这更大的，总之是最大的东西让我吃掉了，这样牧师就没法子了。"谁想这个自告奋勇的小伙子最后也悻悻地缩了回来。

据说牧师只是对谁都坦然自若地说了同一句话，你知道这句话是什么吗？

右脑开发 500

+ 难度级别：中级
+ 思考时间：10分钟
+ 得　　分：6分

猜扑克牌

小林拿来一副扑克牌，这副扑克牌的背面都是一模一样的。现在有一张扑克牌背面朝上扣在桌面上，他请你来猜猜这张扑克牌的正面。

你能想出一猜就中的方法吗？

右脑开发 501

+ 难度级别：中级
+ 思考时间：10分钟
+ 得　　分：6分

把鸡蛋拿回家

壮壮打完篮球，穿着背心、短裤，抱着篮球回家。途中他想起妈妈让他买鸡蛋回家，于是就买了20个鸡蛋。他带的钱刚够买鸡蛋，没有余钱再买塑料袋装鸡蛋，而且他也没有任何可以装鸡蛋的东西。

那么，他该怎样将这些鸡蛋拿回家呢？

右脑开发
502

- 难度级别：中级
- 思考时间：10分钟
- 得　　分：6分

收电费

　　小王是电力公司的收费人员。有一天，她要去一栋楼收费。这栋楼共3层，有12户人家。现在他们已经把电费准备好了，就等小王来收。

　　你能为小王设计一条最短且不重复的收费路线吗？

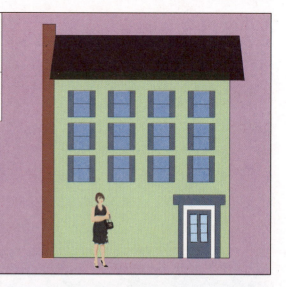

右脑开发
503

- 难度级别：中级
- 思考时间：10分钟
- 得　　分：6分

七巧板

　　七巧板是用一块正方形的薄板，按照一定的比例，分割而成的7块大小不同的几何图形（如下图）。按图中的线将薄板剪开，就形成7块小板。由这7块小板可以拼成各种图形来，所以叫七巧板。下面你也来动手试试：

①请用七巧板拼出4个行走着的男人。
②请拼出各种各样的门。
③请拼出"乐在其中"4个字。
④请拼出2个坐着的男人。
⑤请拼出3个走路的女人。
⑥请拼出鸡、鹅、马、骆驼。

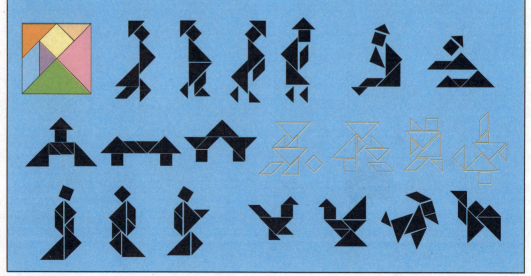

右脑开发
504

十 难度级别：中级
十 思考时间：10分钟
十 得　　分：6分

锯木块

数呢？你认为他能做得到吗？

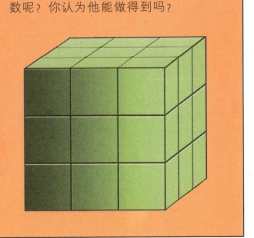

　　一个木匠正用电锯把一个边长为3尺的立方体锯成27个1尺见方的小立方块（如右图所示）。显然，他只要锯6次，就能很容易做到这一点。有一天，他突发奇想，能否把锯下的木块巧妙地叠在一起锯，从而减少锯的次

右脑开发
505

十 难度级别：中级
十 思考时间：10分钟
十 得　　分：6分

12件礼物

　　有12件礼物排成3行，每行有4件。请移动2件礼物，使得12件礼物排成6行，每行都有4件礼物。

　　到底应该怎样移呢？

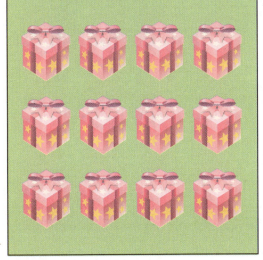

右脑开发
506

十 难度级别：中级
十 思考时间：10分钟
十 得　　分：6分

制造钢板

　　某车间需要4块异形钢板（如下图）。请你分析一下，应该领多少钢板，怎样裁料，才能既符合尺寸，又耗费最少的钢板。

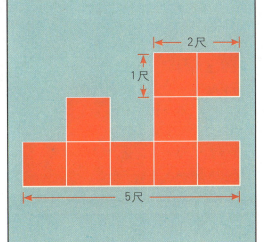

右脑开发
507

+ **难度级别**：中级
+ **思考时间**：10分钟
+ **得　　分**：6分

筹码大变色

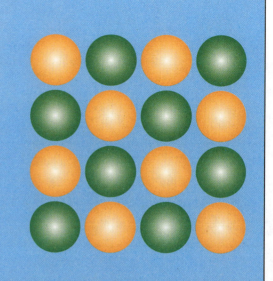

　　桌子上有黄、绿两种颜色的筹码，共16个（如右图）。如果你仅能将两个筹码移动到新的位置，请你找出一个办法，使得每一行的筹码颜色都相同。

　　你知道应该怎样做吗？

右脑开发
508

+ **难度级别**：中级
+ **思考时间**：10分钟
+ **得　　分**：6分

拨准时钟

分不差。

　　你知道小刚用什么办法把时间拨得这么准吗？

　　一天下午，小刚发现家里的机械钟停了，但是家里没有其他的钟表来校对这座钟。他为了对时间，就去离家不远的一家商店去看时间。在店里，小刚遇到一位老人问路，小刚热情地为她指了路，然后看好时间就回家了。到家后，小刚凭记忆拨好家中的时钟。爸爸下班回来了，小刚把时钟与爸爸的手表对了一下，居然一

右脑开发┐ **509**

＋难度级别：中级
＋思考时间：10分钟
＋得　　分：6分

架桥

在一条宽100米的河两岸，分别设有A、B两点，其位置如右图。现在要在河上架一座桥，使A、B两点的距离最近。河面宽度是固定的，桥不许斜着架。

你知道应该怎么架桥吗？

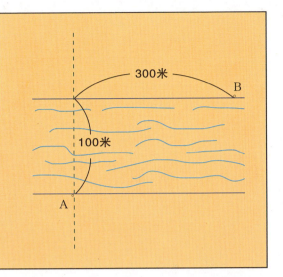

右脑开发┐ **510**

＋难度级别：中级
＋思考时间：10分钟
＋得　　分：6分

取珠子

有一根粗细均匀的透明塑料软管，软管中装有黑珠子和白珠子，黑珠子在白珠子的中间。在不从软管里拿出白珠子的情况下，要求取出黑珠子，并且不允许切开软管。

你知道应该怎么取吗？

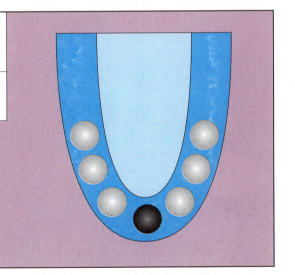

右脑开发┐ **511**

＋难度级别：中级
＋思考时间：10分钟
＋得　　分：6分

变短的线

上数学课时，老师出了一道题，想考考同学们的创造能力。他在黑板上画了两条平行线，要求同学们把这两条线变短，但又不能截断它们。

你能想办法解决这个问题吗？

右脑开发
512
+ 难度级别：中级
+ 思考时间：10分钟
+ 得　分：6分

酒杯变房子

爸爸和儿子在家用火柴做智力游戏题，爸爸出了好几道题，都被儿子很快解决了。儿子也想出个题目考考爸爸，就用10根火柴摆成2只酒杯，要求爸爸移动其中4根火柴，使摆成的图案变成一栋房子。

爸爸被这道题难住了，你来帮帮他吧。

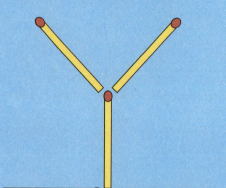
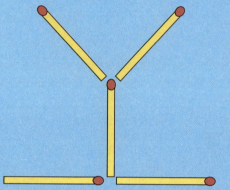

右脑开发
513
+ 难度级别：中级
+ 思考时间：10分钟
+ 得　分：6分

狭路相逢

在一条只能容纳一辆汽车的小路上，两辆相对行驶的汽车相遇了。由于双方都没有地方可以避让对方，两位司机都停在那儿犯起难来。这时，他们发现在两辆车中间有一个小胡同可以容下一辆车，可以让一辆车先开进胡同，另一辆车就可以通过了。可是胡同里有个碍事的大木架，如果把木架移出来，又会挡在小路上，还是不能通过。两位司机经过研究后，终于想出个好办法，最后他们都顺利地通过了这个地段。

你知道他们想出了什么办法吗？

右脑开发
514

- 难度级别：中级
- 思考时间：10分钟
- 得　　分：6分

筹码大变色

　　大文豪高尔基小时候家里很穷，只好到一家食品店当小工。有一次，一位刁钻古怪的顾客拿来一份奇怪的订货单，要求订做9块蛋糕，但要装在4个盒子里，而且每个盒子里至少要装3块蛋糕。

　　大伙计看完订货单，为难地说："先生，这样办不到啊！"顾客傲慢地说："如果你们连这样的包装都做不出来，就别开店了！"说完，他扬长而去。大伙计不敢再说什么，马上向老板汇报。老板也觉得很为难。他们试着分装蛋糕，但是碰坏了好几块蛋糕，也不能照订货单上的要求装好盒子。

　　这时，在一旁干杂活的高尔基拿起那份订单，认真读了一遍，然后自信地说："老板，让我来试试吧。"说着，他挑了4个盒子装起来。不久，顾客来到柜台边，以挑剔的眼光仔细检查了一遍，的确无懈可击，只好付了钱，快快地提着蛋糕走了。老板和大伙计终于松了一口气，从此开始对聪明的高尔基刮目相看了。

　　你知道高尔基是怎样分装这9块蛋糕的吗？

右脑开发
515

- 难度级别：中级
- 思考时间：10分钟
- 得　　分：6分

手影游戏

　　乔乔正在玩手影游戏。想象一下，他做出的这些手势，分别能形成什么动物的影子呢？

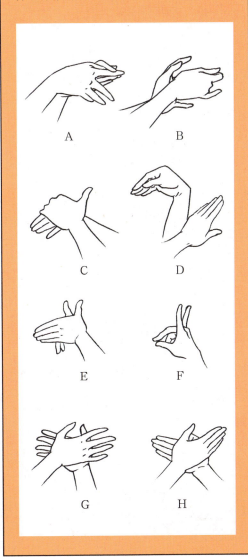

A　　　　　B

C　　　　　D

E　　　　　F

G　　　　　H

右脑开发
516

+ 难度级别：中级
+ 思考时间：10分钟
+ 得　　分：6分

这究竟是什么

　　大脑是真正的侦探大王，但凡要做出判断，哪怕是很小的细节，往往

也能通过大脑来补齐一幅欠完整的图画。有时，这是在不知不觉之中进行的，但有时也需要我们开动脑筋想出其间的联系。

　　想一下，下图中的6件物体分别是什么？

右脑开发
517

+ 难度级别：中级
+ 思考时间：10分钟
+ 得　　分：6分

留下的酒瓶

　　某酒店决定为员工举办辞岁迎新晚会。酒店经理指着呈围棋盘格子状排列着的一堆酒瓶说："大家工作一年辛苦了，今天请尽情痛饮吧！只是，请留下5排4瓶为一排的啤酒。"宴会结束后，酒店经理查看酒库里的酒，发现本应留下20瓶，现在却只有10瓶。酒店经理想训斥员工，可是留下的啤酒

确实是5排，且每排都有4瓶。

　　请问他们是怎样留下瓶子的呢？

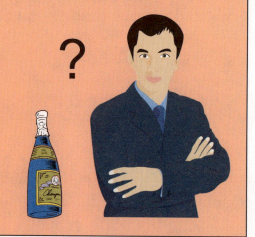

右脑开发┐
518

+ **难度级别**：中级
+ **思考时间**：10分钟
+ **得　　分**：6分

火柴游戏

　　用10根火柴能摆成2个五边形，现在请你移动5根火柴，使它们变成2个五边形和5个三角形。

　　你知道应该怎么移吗？快来动手试试吧！

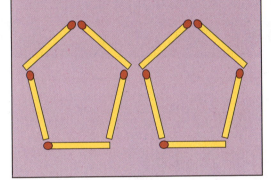

右脑开发┐
519

+ **难度级别**：中级
+ **思考时间**：10分钟
+ **得　　分**：6分

猜一猜

　　请你根据下面的图片，想象一下这个物体实际的样子。

从上面看

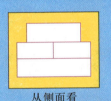

从侧面看

从前边看

右脑开发┐
520

+ **难度级别**：中级
+ **思考时间**：10分钟
+ **得　　分**：6分

谁是小偷

　　一天傍晚，一个女孩的包突然被人抢走了。行人听到她的喊声，纷纷围了过来，也有人追过去。很快，两个年轻人扭打着走回来。其中一个说："他是小偷。"另一个人说："你才是小偷，是我抓住了你。"到底谁是小偷呢？因为天色太暗，就连那个被抢的女孩也分不清了。

　　这时，迪迪放学回家，他听到争论后，说："我有办法。你们先比赛一场，看谁先跑到前面的路口。"两个年轻人都不明白他是什么意思，但为了证明自己的清白，他们都奋力向前跑去。

　　结果年轻人甲先到路口，年轻人乙后到。迪迪指着年轻人乙说："你是小偷。"随后，他说了一番话，年轻人乙听了无话可说，因为他就是抢包的小偷。

　　你知道迪迪是怎么说的吗？

右脑开发┐
521

+ 难度级别：中级
+ 思考时间：10分钟
+ 得　　分：6分

警报

兵兵是个小游击队员，因为年龄太小，队长不发给他枪，他只有一串鞭炮。一次游击队到一个村子休整，队长让兵兵去村口的河边放哨，只要发现鬼子就放鞭炮。

兵兵把鞭炮挂到河边的小树上，没多久就发现一队日本兵气势汹汹地向村子里走过来。兵兵连忙掏出火柴想点燃鞭炮，可是一着急，鞭炮没拿稳掉进了小河里。这可急坏了兵兵，他想要喊叫，但村子离河边还有很远的距离，游击队根本听不到。情急之下，兵兵想出了一条计策，使游击队及时得到了警报，带着乡亲们安全地撤离了。

你知道兵兵用什么方法报的警吗？

右脑开发┐
522

+ 难度级别：中级
+ 思考时间：10分钟
+ 得　　分：6分

改变房子的朝向

如果用11根火柴搭好下图这座房子，然后只移动1根火柴，就能够搭成房子朝向另外一面的样子。

你想出来应该怎么移了吗？

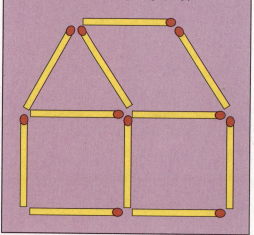

右脑开发┐
523

+ 难度级别：中级
+ 思考时间：10分钟
+ 得　　分：6分

照集体照

摄影师给一个班级拍集体照。他数1、2、3计时，数到3时拍照。可是当他数到3的时候，总有人坚持不住开始眨眼睛，这样拍出来的集体照很不好看。摄影师为此发起了愁。

请你给摄影师出个主意，使他拍下的集体照中没有一个人闭眼睛。

右脑开发
524

+ 难度级别：中级
+ 思考时间：10分钟
+ 得　　分：6分

师徒智斗

有个勤快的小木匠在师傅那里学徒满3年，该出师了。可是老木匠为了让小木匠继续不拿工钱帮他干活，就想出个难题难为他，如果解决不了就不让他出师。

老木匠想起了当年自己的师傅为师弟出的一道难题，至今还没有找到答案，就想拿这个来难为一下自己的徒弟。

老木匠拿了一个长方形的木框，对徒弟说："这个木框太大，我想让你使它减小一半。但是你不能裁剪，也不能把木框遮住半边。"小木匠想了一下，很快解决了这道难题，老木匠不好再难为他，只好让他出师了。

右脑开发
525

+ 难度级别：中级
+ 思考时间：10分钟
+ 得　　分：6分

怎样划分

有一天中午，小文在黑板上给同学们出了一道题。她画了45个小方格，使其形成一个十字形，要求将这个图形分成9部分，每部分的面积相等。

她在黑板上已划分出3块，其他6块应该怎样划分？

右脑开发
526

+ 难度级别：中级
+ 思考时间：10分钟
+ 得　分：6分

发牌的技巧

假设你和3个朋友一起玩扑克，现在轮到你发牌。依惯例按逆时针顺序发牌，第一张发给你的右手邻座，最后一张是你自己的。当你正在发牌时，手机响了，你接了一个电话。打完电话后，你忘记牌发到谁了。现在，不允许你数任何一堆已发的和未

发的牌，但仍须把每个人应该发到的牌准确无误地发到他们手里。

你能做到这一点吗？

右脑开发
527

+ 难度级别：中级
+ 思考时间：10分钟
+ 得　分：6分

变方块

松松将12根火柴摆成了"田"字型，请你去掉其中的2根，使方块变成2个。

你能做到吗？

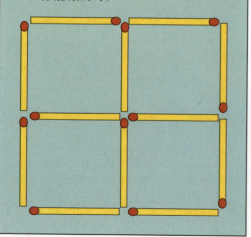

右脑开发
528

+ 难度级别：中级
+ 思考时间：10分钟
+ 得　分：6分

绝妙剪纸

晴晴和小雪正在玩剪纸游戏，她们用彩纸剪出来好多漂亮的图案。晴晴想考考小雪，就剪好一个十字形，让小雪在不剪断它的情况下，做成一个长方形。她告诉小雪，可以使用剪刀和胶水。

小雪应该怎么做，才能把这个十字形做成长方形呢？请给她出个主意吧！

右脑开发 529

+ 难度级别：中级
+ 思考时间：10分钟
+ 得　　分：6分

转几圈

为了测试自己的想象力，下面我们来做一个游戏。如右图所示，两枚同面值的硬币紧贴在一起。硬币B固定不动，硬币A的边缘紧贴B并围绕着B旋转。

充分运用你头脑中那双眼睛，即充分运用你的视觉想象力，想象一下，当A围绕着B旋转一周回到原来的位置时，它围绕着自己的中心旋转了几个360°？提示一下：可以肯定地说，你想当然认为是正确的答案是错误的。

右脑开发 530

+ 难度级别：中级
+ 思考时间：10分钟
+ 得　　分：6分

善变的火柴

下面有两道有趣的火柴游戏，快来做做吧！

①把5根火柴居中弯折（注意不能折断），摆成图A的形状。

你能否不用手指，也不拿棍棒之类的东西去拨动，使它们变成图B所示的形状？

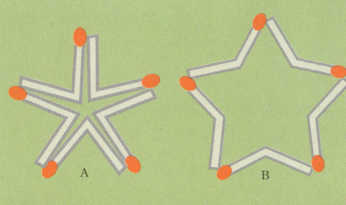

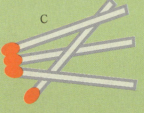

②给你一盒火柴，从中抽出4根摆成图C所示的样子。

你能否利用这盒火柴，在取出横放着的火柴后，使另外3根仍然保持原状？

右脑开发┐
531
+ **难度级别**：高级
+ **思考时间**：20分钟
+ **得　　分**：10分

接电灯

　　有个电工拿着一幅电路图，他想用5根电线连接5对不同颜色的电灯。如果电工设置的电线必须沿着方格上的白线铺设，而且不能让任何电线相交，那么他该怎么做呢？

右脑开发┐
532
+ **难度级别**：高级
+ **思考时间**：20分钟
+ **得　　分**：10分

巧触开关

　　一对父子参加电视台的过关游戏，他们一连闯过了好多关，但是在新的一关面前却被难住了。他们面前放着1个圆盘，圆盘上有4个洞，这4个洞正好组成正方形的4个顶点。主持人说，在圆盘的4个洞里各有1个开关，开关有"上"、"下"两种状态。如果所有开关状态保持一致，那么他们就能过关。父子俩看了看这4个洞，发现里面漆黑一片，根本看不到开关，只能用手指伸进去摸开关的状态，而且每次必须用2个手指分别同时伸进2个孔中。若把开关拨上或拨下后，这个圆盘就会飞快地旋转。当它停下来

后，根本看不清原来拨的是哪2个开关了。在经过冥思苦想之后，儿子决定放弃了。可爸爸却想出了一个好办法，最多只需要把手指伸进5次就能保证过关。

　　你知道他想出了什么办法吗？

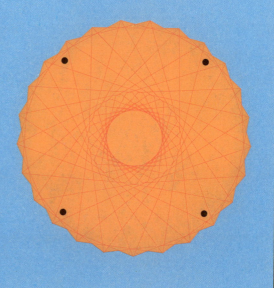

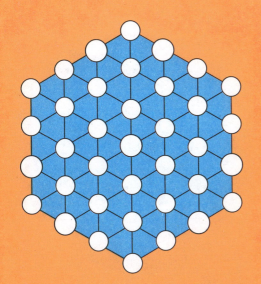

Chapter 08

EQ检阅场

　　EQ指情商，情商在提高自我认识、情绪管理、了解他人和社会交往等方面都起着非常积极的作用。情商水平高的人善于沟通，跟他人能够融洽相处，而且拥有更多的快乐和自信。那么，你了解自己的情商水平吗？是否需要专门的帮助，对自己的情商形成一个清醒的认知呢？为此，"EQ检阅场"设置了20道情商测试题目。这些试题能够测试你的情商水平，帮你找到值得发扬的情商优势，发现需要提高的情商短板，同时也能训练你的情商水平，让你学会一种全新的思考方式，帮你在人生旅途中左右逢源，顺利走向成功。

右脑开发 533

+ 难度级别：菜鸟
+ 思考时间：1分钟

大合唱

　　如果你参加大合唱，那么你希望被安排在什么位置？

　　A.第一排中间引人注目的位置。

　　B.旁边都有他人的后排位置。

　　C.随便哪排，只要不是中间就行。

右脑开发 534

+ 难度级别：菜鸟
+ 思考时间：1分钟

找麻烦

　　如果有人找你麻烦，你会做出什么样的反应？

　　A.向对方赔罪，息事宁人。

　　B.拔腿就跑。

　　C.跟对方据理力争，不惜动武。

　　D.以低姿态向对方解释这是一场误会。

右脑开发 535

+ 难度级别：菜鸟
+ 思考时间：1分钟

意志力大考验

　　你正在好友家里，桌子上放着一盘你最爱吃的零食，但你的好友无意给你吃。你非常想吃这些零食，但是又不好意思开口说。当你的好友离开房间时，你会怎么做？

　　A.立即吃掉一些零食。

　　B.静静地坐着，抗拒它的诱惑。

　　C.对自己说："这算什么？我很快就有一顿丰盛的晚餐。"

右脑开发 536

+ **难度级别**：菜鸟
+ **思考时间**：1分钟

过期的汉堡包

一天，你非常饥饿，打开冰箱后看到一个汉堡包。你拿起它吃了几大口之后，才仔细看包装袋上标示的有效日期。很可惜，这个汉堡包已经过保质期了。这时，你会做出什么样的反应？

A.不吃了，懊恼地把剩下的汉堡包扔掉。

B.不吃了，并想办法把吃下的汉堡包吐出来。

C.继续吃汉堡包。

D.马上去医院。

右脑开发 537

+ **难度级别**：热身
+ **思考时间**：3分钟

两只狗

某一天，有人在草坪上看到了两只狗。其中一只狗的两条后腿断了，走起路来非常困难。另一只狗不知从什么地方叼来一块骨头，放到了这只断腿的狗的面前。凭你的直觉，你猜测这两只狗是什么关系？

右脑开发 539

+ **难度级别**：热身
+ **思考时间**：3分钟

抬箱子

你和你的好友合力抬一个箱子去某处。可是这个箱子太沉了，你走到半途时就感到力不可支。这时，你会怎么做呢？

右脑开发 538

+ **难度级别**：热身
+ **思考时间**：3分钟

校园舞会

周末，校园舞会又开始了。假设你正在现场，发现别人都在跳一种你不会跳的舞，你会怎么做呢？

右脑开发
540
+ 难度级别：热身
+ 思考时间：3分钟

去打网球吗

假设你和好友约好傍晚去打网球，但是你白天在游乐场玩了一天，到了傍晚已经筋疲力尽了，这时你会怎么做呢？

右脑开发
541
+ 难度级别：热身
+ 思考时间：3分钟

写黑板报

有一天，老师安排几个学生写黑板报，假设你就是其中之一。你正在专心写着黑板报，可是其他几个同学总在旁边嬉笑打闹，让你无法专心做下去。这时，你会怎么做呢？

右脑开发
542
+ 难度级别：初级
+ 思考时间：5分钟

胡萝卜、鸡蛋和咖啡

妹妹对哥哥抱怨她的生活中事事都那么艰难。哥哥没说什么，在3口锅里倒入一些水，然后把它们放在旺火上烧。不久锅里的水烧开了，他往第一口锅里放些胡萝卜，第二口锅里放一只鸡蛋，在第三口锅里放入碾成粉末状的咖啡豆。

大约20分钟后，哥哥把火关了。他把胡萝卜和鸡蛋捞出来，分别放在盘子里，然后又把咖啡舀到一个杯子里。他让妹妹用手摸摸胡萝卜。妹妹上前摸了摸，注意到胡萝卜变软了。

哥哥又让妹妹拿起鸡蛋并打破它。将壳剥掉后，妹妹看到的是一只煮熟的鸡蛋。最后，他让妹妹喝了咖啡。"哪个是你呢？"哥哥问妹妹，"当逆境找上门来时，你该如何反应？你是胡萝卜、鸡蛋，还是咖啡豆？"

读完这个故事，你有什么样的感悟？

右脑开发 543

+ 难度级别：初级
+ 思考时间：5分钟

一块石头

一个男孩非常苦恼，向老师抱怨道："老师，我觉得自己什么事情都做不好，大家都说我没用，又蠢又笨，我该怎么办？"老师总是笑而不答。

一天，老师交给男孩一块石头，嘱咐他："明天早上，你拿这块石头到市场上去卖，但不是'真卖'，无论别人出多少钱，你都不能卖。"第二天，男孩拿着石头蹲在市场的角落，意外地发现不少人对他的石头感兴趣，而且价钱越出越高。但男孩记住老师的叮嘱，全都拒绝了。

由于男孩怎么也不卖，石头竟被传扬为"稀世珍宝"。

读完这个故事，你有什么样的启示呢？

右脑开发 544

+ 难度级别：中级
+ 思考时间：10分钟

分酒

有两个小气鬼聚在一起喝酒，他们的面前摆着两个形状不同的杯子，其中一个杯子里盛有酒。于是他们决定把酒分成两份，要分得公平合理，谁都没有怨言。

究竟怎么分才公正呢？

右脑开发 545

+ 难度级别：中级
+ 思考时间：10分钟

抢救名贵画作

如果卢浮宫失火了，并且火势很大，你是里面的一名工作人员，只能抢救一幅画，那么你会选择抢救其中的哪一幅呢？

右脑开发 546

难度级别：中级
思考时间：10分钟

两位陌生人

在一个小镇上，有位老人正坐在路边休息。这时，有位陌生人来到了这个小镇上。他看到老人后，就向老人走过来，问道："我正寻找居住的城镇，请问住在这个小镇的人好相处吗？"老人看了看陌生人，反问他："你能告诉我，你原来居住的城镇里的人好相处吗？"陌生人告诉他："那里的人都是没有礼貌、自私自利的人，我实在不能忍受和那些人住在一起。"老人微笑着说："年轻人，看来你要失望了，因为这里的人也跟他们一样。"

过了几天，老人又遇到一位陌生人。这位陌生人向老人询问同样的问题："我正寻找居住的城镇，请问住在这个小镇的人好相处吗？"老人还是反问他："你能告诉我，你原来居住的城镇里的人好相处吗？"那人告诉老人："住在那里的人非常热情，很好相处，我非常喜欢他们。可是由于工作需要，我不得不搬家，其实我很舍不得走呢。"老人听了，微笑着说："这里的人和你们那儿的人同样热情，很好相处，你一定会喜欢上这里。"

请问，面对两位陌生人同样的问题，老人为什么会做出不同的回答？

右脑开发 547

难度级别：中级
思考时间：10分钟

最有价值的金人

曾经有个小国使者来到W国，进贡了3个一模一样的金人，皇帝高兴极了。可是使者出了个难题，说皇帝要想得到这3个金人，必须判断出哪个金人最有价值。

皇帝想了好多办法，让珠宝匠用秤称重量、看做工，但怎么都判断不出来。最后，一位老臣想了个主意。

他拿着3根稻草，将其中1根插入第一个金人的一只耳朵里，这根稻草从另一只耳朵出来了；插入第二个金人的稻草从嘴巴里直接掉出来；插入第三个金人的稻草进去后掉进了肚子里，什么响动也没有。于是老臣胸有成竹地说："第三个金人最有价值！"使者钦佩地说："你回答对了。"

请问，为什么第三个金人最有价值？

右脑开发┐
548

+ **难度级别**：中级
+ **思考时间**：10分钟

挑毛病

有个女孩性格孤僻，不善于和他人相处，经常与别人结下很深的矛盾。因此她换了好几所学校，可是在新的学校里她还是不能与同学们好好相处。她总能找出同学们身上的缺点，比如谁说话的声音太大，谁是"皮包骨"，谁不是好学生，谁是捣蛋鬼，谁骄傲自大……

有一次，爸爸听完她的话后，让她在一张白纸上画了一些黑点，然后问她看到了什么。女孩答道："除了黑点，什么都没有看到。"爸爸笑着说出一番话，一下子就让女孩懂得了应该如何摆正自己的心态。从此，她再也不挑别人的毛病了。

试着想一下，父亲说了怎样的话呢？

右脑开发┐
549

+ **难度级别**：中级
+ **思考时间**：10分钟

3年后的生活

有A、B、C3人即将被关进监狱，他们都要服刑3年。监狱长允许他们每人提出一个要求。A爱喝酒，要了3箱酒相伴。B爱抽烟，要了3箱雪茄。C说，他要一部能与外界沟通的电话。转眼3年过去了，第一个冲出来的是A，他浑身散发着酒气，看上去醉醺醺的。第二个出来的是B，他的嘴里、鼻孔里塞满了雪茄，大喊道："给我火，给我火！"原来他忘了要打火机了。最后出来的是C，他紧紧握住监狱长的手说："这3年来我每天与外界联系，我的生意不但没有停顿，反而增长了200%。为了表示感谢，我决定送你一辆汽车！"

通过这个小故事，你能领悟到什么呢？

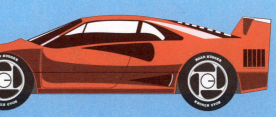

右脑开发
550

+ **难度级别**：高级
+ **思考时间**：15分钟

怎样才快乐

请帮她换种思维思考吧，使她无论晴天还是雨天都快乐。

老太太有两个儿子，大儿子是卖伞的，小儿子是染布的。天下雨时，老太太担心小儿子的布晾不干；天晴时，老太太担心大儿子的伞卖不出去。

右脑开发
551

+ **难度级别**：发烧级
+ **思考时间**：20分钟

金矿与大河

据报道，某地的山区发现了巨大的金矿。得知这个消息的人们纷纷抱着淘金的梦想，一窝蜂地向山区涌去。然而不巧的是，一条大河挡住了通往山区的必经之路。

如果是你遇到这种情况，你会继续寻找金矿吗？

右脑开发
552

+ **难度级别**：发烧级
+ **思考时间**：20分钟

斟酒

在一次婚宴上，大家玩得很开心。但是有一个人在为亲友斟酒的时候，不小心把酒洒到了一位老人的秃头上。面对这种尴尬的场面，大家都很担心。这时，只见老人站了起来，拍了拍这个人的肩膀，说了一席话，大家顿时又笑逐颜开，刚才的尴尬一扫而光了。

他是怎么说的？

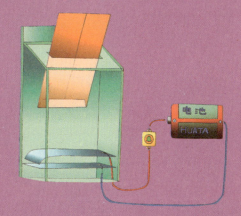

Chapter 09

动手益智秀

    动手能力是一种非常重要的手脑结合的互动能力，其能力的大小往往是衡量一个人大脑发育全面与否的标志之一。不过，"动手能力"这个词虽然有动手操作的意思，其实际内涵却比动手操作宽泛得多，含有亲身体验、亲自实践的意思。具体来说，动手能力是实践能力、应用能力、创新能力、审美能力，甚至表演与表达能力等的综合体现。为了能让你的大脑在"动手"的过程中达到"益智"的效果，本章精心准备了科学小实验、巧手小制作，还有神奇小魔法，绝对能让你在"动手"的过程中，全面提升大脑潜能，成为一个拥有超强动手能力的高手！

＋ **难度级别**：菜鸟
＋ **完成时间**：1分钟

玻璃上的冰花

　　冬天的早晨，北风在窗外〝呼呼〞地吹，拉开窗帘，会发现玻璃窗上布满了冰花，真美丽啊！下面我们就来动手制作美丽的冰花吧！

◆准备材料
①一杯热水　②一片玻璃　③一台冰箱

◆游戏DIY
1.将玻璃放在热水杯上，直到玻璃片沾上水汽。
2.立即把玻璃放入冰箱的冷冻室里。
3.几分钟后把玻璃拿出来，可以发现玻璃上结了一层冰，有类似冰花的花纹。

◆游戏中的科学
　　玻璃放在热水杯上，杯中的水汽就会附着在玻璃上，再把玻璃放入冰箱，这时玻璃上的水汽遇冷就形成了冰。玻璃窗隔开了房间的内外，玻璃的两面处于不同的温度和湿度之下，室内的空气热而潮湿，室外的空气冷而干燥。冬天，当玻璃周围的气温降到0℃以下时，屋内的水汽一碰上玻璃，便缩成一团，紧贴在玻璃上结成冰，从而形成了我们看到的冰花。

＋ **难度级别**：菜鸟
＋ **完成时间**：1分钟

橘子火花

　　逢年过节的时候，很多人总爱在漆黑的夜里玩火花。那噼啪作响的火花，在夜幕的映衬下，宛若仙女手中的仙棒，让人产生无限遐想。事实上，我们平时也可以用蜡烛来玩火花游戏。

◆准备材料
①一支蜡烛　②一盒火柴　③一个橘子

◆游戏DIY
1.剥开橘子，留下橘子皮备用。
2.找一间黑暗的屋子，点燃蜡烛，双手用力拧橘子皮，然后将橘子皮靠近蜡烛火焰。
3.结果，你不仅可以听见爆裂声，还可以看见美丽的火花。

◆游戏中的科学
　　橘子皮中含有丰富的植物油，这种植物油具有很强的挥发性。当橘子皮靠近蜡烛火焰时，挥发油会猛烈燃烧，发出爆裂声，且迸发出火花。

555

+ **难度级别**：菜鸟
+ **完成时间**：1分钟

不安分的纽扣

　　把一颗密度比水大的纽扣投进汽水中，它会乖乖地"躺下"吗？

◆准备材料
①纽扣　②玻璃杯　③汽水
◆游戏DIY
1.往杯子里装汽水，不要装得太满。
2.把纽扣扔到玻璃杯里。
3.在纽扣周围开始形成小泡泡。

4.纽扣突然上升到杯顶。

◆游戏中的科学
　　汽水中产生气泡的气体是二氧化碳。汽水置于空气中时，里面的碳酸溶液便会分解，产生大量的气泡。泡泡粘在纽扣上，就使纽扣有了足够的上升力，能够上浮到水面上。

556

+ **难度级别**：热身
+ **完成时间**：3分钟

速成空手道高手

　　也许你以为，用手劈两只碗中间的筷子时，不仅筷子会断，碗也会翻，实际情况是什么样的呢？下面这个游戏会让你大感意外。

◆准备材料
①两只大塑料碗　②水　③一根筷子
④一块干爽的抹布　⑤一条毛巾
◆游戏DIY
1.把两只大塑料碗放在桌子上，两只碗之间留下适当距离。然后分别在两只碗中注满水。
2.用干抹布把筷子擦干净，然后把筷子搭在两只大塑料碗上。
3.在手上裹好毛巾，然后用手迅速地往筷子中央劈去，可以看到筷子立刻断为两截，两只大塑料碗却仍然稳稳地立在桌子上，水也没有洒出来。如果你一次不成

功，可以多练习几次。为了避免把房间弄湿，这个游戏最好在室外进行。

◆游戏中的科学
　　当手快速地向筷子中心砍去时，力量立刻向碗的两侧传过去。这样，对于两只大碗来说，力量是作用于整只碗上，而不仅仅就是碗沿上。所以，大碗就不会因为外力不平衡而倾倒。

右脑开发 557

+ **难度级别**：热身
+ **完成时间**：3分钟

"囚禁"气体

信不信，你可以用一块坚硬的"岩石"来"囚禁"气体。快来动手试试看吧！

◆准备材料
①面粉　②醋　③一把汤匙
④一个玻璃杯　⑤水　⑥小苏打粉

◆游戏DIY
1.在玻璃杯中放入一汤匙小苏打粉和两汤匙面粉，搅拌均匀。
2.将一汤匙醋倒进玻璃杯中，再用汤匙搅拌均匀。

3.一天后，玻璃杯中出现凝结块，往杯中倒入适量的水（水把凝结块淹没即可），然后用汤匙柄敲碎凝结块。
4.结果可以看到一些气泡从敲碎的凝结块处冒出。

◆游戏中的科学
小苏打跟醋混合发生了化学反应，放出二氧化碳气体。醋中的水分与面粉搅和在一起后形成凝结块，这些凝结块把一部分二氧化碳包裹起来。当凝结块被敲碎时，二氧化碳气体就逃逸出来。这样，你就会在玻璃杯中看到许多小气泡。

右脑开发 558

+ **难度级别**：热身
+ **完成时间**：3分钟

看不见的墨水

白纸上的字迹居然来去自如，是墨水的功劳吧。

◆准备材料
①一个柠檬　②一个盘子　③水
④一把汤匙　⑤几根棉签　⑥一张白纸
⑦一盏台灯

◆游戏DIY
1.把柠檬压出汁，把柠檬汁倒入盘子里。在盘子里面加入一些水，稀释柠檬汁，并用汤匙搅拌均匀。
2.用棉签蘸上一点稀释后的柠檬汁，然后在白纸上面写下几个字。过一会儿，白纸上的汁液风干后，你会发现字不见了！
3.把白纸放在台灯的灯泡上加热，此时你又

可以看到白纸上面的字了。

◆游戏中的科学
稀释的柠檬汁中含有碳水化合物，由于碳水化合物的水溶液是无色的，因而白纸上面的汁液风干后，字迹就不见了。然而，把白纸放在灯泡上加热时，这种碳水化合物又会分解，生成碳原子。于是，白纸上的字就又显露出来了。

＋**难度级别**：热身
＋**完成时间**：3分钟

会转弯的飞机

大家小时候都玩过纸飞机吧，那么你会让纸飞机转弯吗？不会不要紧，下面的游戏就来教你这个技巧。

◆**准备材料**
①两张彩色的纸　②两枚回形针
◆**游戏DIY**
1.用纸折出两架纸飞机，然后在纸飞机偏向后方的机身上，分别别上一枚回形针。
2.射出纸飞机，可以看到纸飞机在空中飞行了一段路程，然后就落了下来。
3.把纸飞机的机翼稍微卷出一些弧度，一架向左卷，一架向右卷。然后再射出飞机，可

以发现纸飞机在空中可以转弯了，一架向右转，一架向左转。

◆**游戏中的科学**
根据伯努利效应，空气的流动速度越快，空气对于物体的接触面的压力就越小。把纸飞机的左翼向上微微卷起来之后，左翼上方的气流就比左翼下方气流的流速快，因而左翼上方压力就比下方压力小，所以左翼就会受到比右翼更大的上升力量，因而飞机就向右转。反之，把纸飞机的右翼向上卷起，飞机向左转。

＋**难度级别**：热身
＋**完成时间**：3分钟

糖葫芦气球

把气球用钢丝穿起来，气球却不会破，就像一串美丽的糖葫芦。想试试吗？

◆**准备材料**
①一根钢丝　②几只气球　③一张砂纸
④润滑油　⑤几根细线
◆**游戏DIY**
1.用砂纸把钢丝的尖端打磨几下，让钢丝的尖端更加锋利，然后抹上润滑油。
2.把几个气球吹大，然后用细线系上。
3.用钢丝小心地从气球前端穿进去，然后从气球的尾端穿出来。穿好了，发现气球并没有破。
4.多穿几个气球，看上去真像一串糖葫芦。

◆**游戏中的科学**
当气球被吹起来以后，气球的侧面受到的压力最大，而气球的前后两端受到的压力较小。因此，用钢丝从气球的前面慢慢地刺进去后，气球表面不会突然破裂，而是会紧紧粘住钢丝。这样内外部空气没有流动，因而内外部的大气压力仍然处于平衡状态，所以气球就不会破裂。

561

+ **难度级别**：初级
+ **完成时间**：5分钟

自制温度计

　　用瓶子和吸管也可以做成实用的温度计。你相信吗？快来动手制作一下吧！

◆准备材料
①一个汽水瓶　②一支透明吸管
③一支笔　④一把直尺　⑤橡皮泥
⑥红色颜料　⑦水　⑧一台冰箱

◆游戏DIY
1.在汽水瓶中注入一大半的水，并放入一些红色颜料。
2.用直尺在吸管上记下记号，每隔一厘米画一个符号。
3.把吸管插入汽水瓶，然后用橡皮泥把瓶口密封好，不要漏气。这样，自制温度计就做好了。

4.把自制温度计分别放在太阳下面或者放到暖气片旁边，记下吸管中的水位。然后再放到冰箱里，记下吸管中的水位。比较吸管中的水位，发现吸管中的水柱在温度较高的环境中会上升，在温度较低的环境中会下降。

◆游戏中的科学
　　汽水瓶里的空气会受热膨胀，将水压进吸管，此时水柱就会上升。外界温度越高，水柱上升的高度越高。而外界温度降低时，瓶子里的空气遇冷收缩，吸管中的水柱就会下降。因而，我们看到自制温度计能够随着环境温度的变化而调整水位。

562

+ **难度级别**：初级
+ **完成时间**：5分钟

苹果上长照片

　　想在苹果上留下你的身影吗？那我们就来做做这个小游戏吧！

◆准备材料
①一个青苹果　②一张相片底片
③一个不透气的口袋　④蛋清
⑤一把剪刀　⑥一卷胶带

◆游戏DIY
1.选一个树上长成了的青苹果，把它用不透光的口袋封好。
2.一周后，将口袋拿掉，把你的相片底片蘸上搅好的蛋清水粘到苹果上。

3.在套苹果的口袋上按你的底片大小和形状剪一个洞，再把口袋套在苹果上，使口袋上的小洞正好对准底片的位置。
4.一个星期后，拿掉口袋，你会发现你的形象就会在黄绿色背景的映衬下，在苹果上显出红色的图案。

◆游戏中的科学
　　在苹果成熟的过程中，会变得比较柔软、香甜、可口。同时其颜色也会变得诱人。在苹果红色色素的形成过程中，光起到了很大的作用。底片上透明的部分可透过充足的阳光，底片上黑暗的部分使苹果皮不能受到光的照射，这就是苹果上出现图案的原因。

右脑开发┐ 563	╋ **难度级别**：初级
	╋ **完成时间**：5分钟

干燥的水

　　通常情况下水会浸湿其他物体，但在一定条件下也会有"干燥的水"。当你把手伸进水里再拔出来时，你会发现手是干的！这是为什么呢？

◆准备材料
①一小瓶胡椒粉　②两个玻璃杯
③水　④一根研磨棒

◆游戏DIY
1.把一个玻璃杯装满水。
2.在另一个玻璃杯中放入一些胡椒粉，然后用研磨棒慢慢研磨，要研磨得非常细。
3.等到杯内的水面平衡后，小心地撒上磨得很细的胡椒粉，直到胡椒粉盖住整个水面。这时不要再移动杯子，以免使胡椒粉沉下去。
4.慢慢地将手指伸进水里，然后迅速拔出来，你会发现手完全没有被水浸湿，竟然是干燥的。

◆游戏中的科学
　　伸进水里的手指，只有击破水面的膜，才会被浸湿，而胡椒粉强化了这层膜，使水分子聚合在一起。游戏中杯里的水就像一个气球，受到外力挤压它就会收缩。只有外力过大击破水膜时，手指才会沾水变湿。

右脑开发┐ 564	╋ **难度级别**：初级
	╋ **完成时间**：5分钟

蛋壳生根

　　鸡蛋壳竟然能生根，这是怎么回事？一起去看看吧！

◆准备材料
①太阳花种子　②一个玻璃杯
③一个鸡蛋壳　④水　⑤土壤

◆游戏DIY
1.把太阳花种子放在玻璃杯中，然后向玻璃杯中注入适量的清水，让种子浸泡一夜。
2.第二天，把太阳花种子从玻璃杯中滤出，放在一边备用。在蛋壳中加入一半比较湿润的土壤，然后把太阳花种子埋进土里。
3.把玻璃杯中的水倒掉，然后把蛋壳小心地立放在玻璃杯中，放在阳光充足的阳台上。每天向土壤中浇少量的水。
4.5天后，把蛋壳从玻璃杯中取出来，此时，你会发现太阳花的根已经从蛋壳底部钻了出来。

◆游戏中的科学
　　太阳花种子在湿润的土壤中发芽，生出了胚根。生出胚根之后，太阳花幼苗就在土壤中扎下根来，并从土壤中吸收水分和营养。慢慢地，茁壮成长的胚根就从蛋壳中穿透出来，看起来好像是蛋壳生了根一样。

右脑开发┐
565

╋ **难度级别**：初级
╋ **完成时间**：5分钟

脑的错觉

想看看大脑怎样产生错觉，只要用筷子做个小游戏就可以了。

◆**准备材料**
两根筷子

◆**游戏DIY**

1．拿两根筷子给朋友看，请他在游戏过程中告诉你，每个阶段用了几根筷子。让你的朋友把一只手和手肘放在桌上，再把这只手的食指和中指尽量张开。

2．请朋友闭上眼睛，将两根筷子并拢放在他的食指和中指间，让他的食指和中指分别碰到其中一根筷子。再请他夹紧两根手指，让筷子在他的两指间来回滑动两三次，问他感觉到了几根筷子。结果他只感觉到有一根筷子。

3．请朋友交叉食指和中指，闭上眼睛，把一根筷子放在两根手指的交叉处，并来回滑动两三次，再问他感觉到几根筷子。此时，他感觉像有两根筷子。

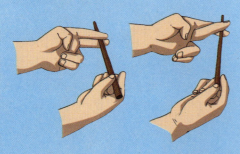

◆**游戏中的科学**

当两根手指并排时，手指内侧的神经把碰到筷子的信息传给脑部之后，因为通常只有一个物体碰到手指内侧，所以大脑会把信息解读为只碰到一根筷子。当手指交叉时，它们的外侧同时碰到筷子，这两根手指外侧的神经把碰到筷子的讯息传给脑部之后，脑部会把讯息误解为碰到两根筷子。

右脑开发┐
566

╋ **难度级别**：初级
╋ **完成时间**：5分钟

胳膊玩把戏

一小袋蜂蜜能使你的胳膊变得更有力量，神奇吧！如果你想知道原理，那就耐心地做下面这个游戏吧！

◆**准备材料**
①两勺白糖　②两勺蜂蜜
③两块塑料布

◆**游戏DIY**

1．将两勺白糖和两勺蜂蜜分别放在两块塑料布中，然后用塑料布把白糖和蜂蜜包紧。

2．一只手握着包白糖的塑料包，然后把胳膊向身体侧面抬起，与肩等高。

3．让你的朋友面对你，他的一只手放在你伸开的胳膊上，另一只手放在你手中没有糖的那一侧的肩头。当他用力把你的胳膊往下按时，你的手用力握白糖包并努力使你的手臂保持与肩等高的状态。然后把白糖包换成蜂蜜包并重复上述过程。

4．结果，手里拿着白糖包时，胳膊很容易被按下来；而手里拿着蜂蜜包时，胳膊仍然会保持与肩等高的状态。

◆**游戏中的科学**

糖类容易因受到挤压而变得更紧密。当你的朋友向下按你手中握有白糖的胳膊时，由于你的一部分力量用于挤压白糖，所以你的这只伸展开的胳膊很容易被按下去。而蜂蜜与一般的液体一样，不容易被压缩，这样，你的力量就主要用于保持伸展手臂的水平状态，所以你的朋友想将你的手臂按下去就会比较困难。

右脑开发┐
567

+ **难度级别**：初级
+ **完成时间**：5分钟

巧切甜瓜

在切甜瓜的过程中，既可以锻炼动手能力，又可以培养审美情趣。甜瓜可以切成兔形，也可以切成星星形。好好学一手，下次用甜瓜做拼盘肯定会赢得大家的一片喝彩声。

◆兔形

先把甜瓜竖切成两半，用勺子去掉中间的籽，再把每一半切成4瓣，成月牙形，然后我们就可以把它们做成兔子形了。

1.把甜瓜切成1/8的月牙形后，将刀从顶部伸入皮与果肉间，削到2/3处。

2.把甜瓜横放，将皮的部分切成"V"字形。

3.把切下的皮反过来插进皮与果肉之间，一个长耳朵的小兔就做成了。

右脑开发┐
568

+ **难度级别**：中级
+ **完成时间**：10分钟

自制孔明灯

相传孔明灯是三国时期蜀国大军事家、大谋略家诸葛亮发明的，用于战争期间部队之间互相通信。现在，请跟着下面的步骤动动手，你也来做盏孔明灯吧。

◆准备材料

①若干张薄纸　②一把剪刀　③一根竹条
④一根细铁丝　⑤胶水　⑥酒精棉球
⑦一盒火柴

◆游戏DIY

1.把薄纸剪成若干张纸片。将第一张纸片的一边与第二张的一边粘在一起，再粘第三张、第四张……依次粘上去，直到拼成一个两端镂空的球状物，像一个灯笼一样。

2.剪一张圆形薄纸片，把上面的圆空口糊住。胶水干了以后，把纸气球吹胀。

3.用一根薄而窄的竹条，弯成与下面洞口一样大小的竹圈，在竹圈内交叉两根互相垂直的细铁丝，并系牢。然后把竹圈粘在下面洞口的纸边上。注意糊成的纸气球除了开口以外，其他部分不能漏气。然后，把酒精棉球扎在铁丝中心。这样，孔明灯就做好了。

4.点燃酒精，过一会儿可以看到孔明灯由平地直升向天空。

◆游戏中的科学

这个游戏利用了空气受热膨胀的原理。点燃酒精棉球时，孔明灯内的空气受热，体积就会膨胀，就会向外跑一部分，这时孔明灯受到的空气的浮力大于孔明灯的自重和内部的空气的自重之和，孔明灯就会飘起来。

右脑开发
569

+ **难度级别**：中级
+ **完成时间**：10分钟

制作幻灯机

你知道幻灯机是怎样放大幻灯片上的文字和图像的吗？现在，就让我们自己动手做一个幻灯机，研究一下其中的奥秘吧！

◆准备材料
①一只手电筒　②一张透明描画纸
③一根小木条　④一把剪刀
⑤一面放大镜　⑥一张幻灯片
⑦一卷胶带

◆游戏DIY
1.把透明描画纸包在手电筒前面，并用胶带粘好。

2.把幻灯片放在透明描画纸的外面，也用胶带粘好。

3.用胶带把放大镜固定在小木条的一端，并把手电筒固定在另一端。注意，让手电筒的头朝向放大镜。这样，简单的幻灯机就做好了。

4.来到一个没有光的屋子里，打开手电筒，对准白色的墙壁照过去，可以看到墙面上出现了一个放大的幻灯片图像。

◆游戏中的科学
打开手电筒后，光照到了幻灯片上，接着又照到了放大镜上。因为幻灯片能够显示与原物左右一致的图像，而放大镜能够放大物体的图像，所以墙面上就会出现一个与幻灯片图像一模一样的、放大了的图像。

右脑开发
570

+ **难度级别**：中级
+ **完成时间**：10分钟

亮起来的小灯泡

听说过用蜡烛加热空气，点亮小灯泡吗？在下面的游戏中，用这个办法就能点亮小灯泡哦。

◆准备材料
①一根铅笔芯和导线
②一节电池和一个小灯泡
③一盒火柴和一支蜡烛

◆游戏DIY
1.用一根导线将电池、铅笔芯和小灯泡串连起来。

2.调节铅笔芯接入电路的长度，使小灯泡刚好不发光。

3.用火柴点燃蜡烛，拿到铅笔芯附近。过了一会儿，发现小灯泡渐渐亮了起来。

4.吹灭蜡烛，发现小灯泡也慢慢熄灭了。

◆游戏中的科学
导体电阻的大小与温度有关系。有些导体的电阻随着温度的升高会增大，而有些导体的电阻随着温度的升高会减小。铅笔芯就属于后一种物质。因此，当蜡烛在它附近燃烧时，产生了热量，它的电阻就会减小，小灯泡两端的电压就会变大，因此小灯泡会亮起来。而蜡烛熄灭后，铅笔芯的温度降低，电阻又会逐渐增大，小灯泡也会慢慢熄灭。

右脑开发┐ **571**	┼ **难度级别**：中级
	┼ **完成时间**：10分钟

会弯曲的光

大家都知道光是以直线传播的，但是下面的实验能让光变得弯曲，很有意思哦！

◆**准备材料**
①两张黑色的硬纸板　　②一个无盖的硬纸盒
③一只手电筒　④橡皮泥　⑤一卷胶带
⑥一瓶无光的黑色颜料　⑦一把剪刀
⑧一截塑料管　⑨一支毛笔

◆**游戏DIY**
1.用毛笔蘸上无光的黑色颜料涂黑纸盒，让其自然干燥。
2.用剪刀剪下黑色的硬纸板，粘在盒子的周围，形成高高的四边，使其变成一个崭新的黑盒子。
3.在盒子的一侧扎一个小洞，然后把塑料管插入。把管子的一端留在外边（只留一小截即可）。
4.在盒外的管子周围粘上橡皮泥，不让光入洞。
5.拉上窗帘或者关上电灯，然后，打开手电筒，从露在外面的管子里向盒子里面照射，可以看到弯曲的管子在发光。

◆**游戏中的科学**
光可以沿着一条弯管传播。来自光源的光通过弯曲的塑料管时，光被塑料管壁全反射，因而光就不再是直线传播，而是顺着弯曲的管子传播。

右脑开发┐ **572**	┼ **难度级别**：中级
	┼ **完成时间**：10分钟

柚子上的"四季"

用一个柚子就可以演示"四季"是怎样形成的，真的很简单哦！

◆**准备材料**
①一个柚子　　②一根棒针　　③一支笔
④一张厚纸板　　⑤一盏没有灯罩的台灯
◆**游戏DIY**
1.用笔在厚纸板上画一个椭圆形（代表地球的椭圆轨道），并把它分为4份，用笔标出东、南、西、北。
2.把棒针插入柚子中央，代表地球及地轴。打开台灯，并放在厚纸板中央，代表太阳。直直地拿着棒针，转动柚子。观察柚子的哪个部分被照亮了。
3.倾斜柚子，让轴心倾斜23.5°。把柚子轮流转向4个位置，棒针要倾向同一方向。看看柚子被照亮的部分，观察哪个部分收到直射光，哪个部分收到倾斜光。
4.结果，当棒针保持直立位置时，不管柚子转到哪儿，都是相同部分被照亮。当棒针倾斜23.5°时，光的量就会随着柚子的不同位置而有变化。

◆**游戏中的科学**
如果地球的地轴是竖直的，就像游戏中棒针保持直立时，地球就不会有四季了。但地轴实际上向北极星倾斜23.5°，有了这个倾斜以后，地球绕太阳运转时，才产生了四季变化。

<table>
<tr><td>右脑开发
573</td><td>**难度级别**：中级
完成时间：10分钟</td></tr>
</table>

制作简易日晷

　　日晷是怎样记录时间的？下面我们就来亲手制作一个简易日晷，答案自会揭晓。

◆准备材料
①一个圆规　②一支铅笔　③一张硬纸板
④一把剪刀　⑤一块表　⑥一根小木棍

◆游戏DIY
1.用圆规在硬纸板上画一个圆，然后用剪刀把这个圆剪下来，并用圆规的尖头在圆心处戳一个洞，然后把小木棍插入洞中。
2.选一个晴朗的天气，然后把圆形硬纸板放在一个阳光充足的地方。此时，可以看到在阳光下，小木棍的影子投在了硬纸板上。
3.用铅笔把小木棍的影子画好，并把此时的时间记录下来。每小时画一次，记录一次。
4.半天下来，可以发现小木棍影子的位置一直在移动。这些线条最后组成了许多射线，都是以圆心为起点。这就是一个简易的日晷。

◆游戏中的科学
　　地球自西向东地围绕着太阳公转，投向晷面的晷针影子也慢慢地由西向东移动。而每隔一个小时按照影子记录一次，就会在晷面上形成许多射线。

<table>
<tr><td>右脑开发
574</td><td>**难度级别**：中级
完成时间：10分钟</td></tr>
</table>

手的魔术

　　让我们用自己手上的热能来制造一种旋转玩具吧。

◆准备材料
①一张白纸
②一支带有橡皮擦的铅笔
③一根棒针

◆游戏DIY
1.把纸裁成7.5厘米见方的正方形，对角折叠，然后打开，再次对角折叠。
2.在纸的折痕交叉点处轻轻捏一下，这样会使纸中央比旁边高出约1.25厘米。
3.把棒针插入铅笔的橡皮擦，留一部分在外面。坐下来，把铅笔放在两膝中间。
4.把正方形的纸放在铅笔的针头上，让针头正对纸张中央的突起处，也就是两次折叠的交叉点。

5.把握成杯状的手放在纸的两边，距离纸张2.5厘米左右。一分钟后，小纸张旋转起来，并且越转越快。

◆游戏中的科学
　　小纸张之所以能够旋转，是因为你手掌中的温度加热了附近的空气。热空气会上升，于是，上升的热空气使得铅笔上端平衡的纸转动了。

右脑开发┐
575

＋**难度级别**：中级
＋**完成时间**：10分钟

自动饮水的小鸭子

不知道你有没有玩过饮水小鸭子的玩具，如果没有，那就让我们用最简单的步骤来做一个可爱的饮水小鸭子吧。

◆**准备材料**
①乙醚　②冷水　③一张吸水纸
④一大一小两个玻璃泡（能在实验室中找到）
⑤一根细玻璃管　⑥一副支架
⑦一个敞口玻璃杯　⑧一卷胶带

◆**游戏DIY**
1.在大玻璃泡内注入一半的乙醚液体，作为鸭身。
2.把细玻璃管的一头插入大玻璃泡的液体中，另一头插入小玻璃泡中，用胶带把玻璃泡与玻璃管的连接处密封好。小玻璃泡作为鸭头，大玻璃泡作为鸭身。
3.在小玻璃泡上贴一张吸水纸，作为鸭嘴。
4.把支架支好，作为鸭腿，用来支撑鸭身和鸭头。在鸭嘴下面放上一个敞口玻璃杯，杯中注入冷水。
5.在鸭头上面滴几滴冷水，过一会儿，你会发现这只小鸭子自动低下头去饮水。而小玻璃泡中也出现了乙醚蒸汽。

◆**游戏中的科学**
乙醚是一种常温下容易挥发的液体。于是，游戏中乙醚气体会沿着玻璃管从大玻璃泡进入到小玻璃泡中。这样小鸭子的重心会向前移动，所以小鸭子就会自动低下头去饮水。

右脑开发┐
576

＋**难度级别**：中级
＋**完成时间**：10分钟

会写字的纸

利用香灰和一些器材，我们可以让火光自己在纸张上笔走龙蛇，写出你设计好的字来。是不是很神奇呢？

◆**准备材料**
①若干支线香　②一支滴管　③一支吸管
④两个玻璃杯　⑤一支毛笔　⑥一张白纸
⑦一张纸巾　⑧一盒火柴　⑨水

◆**游戏DIY**
1.用火柴点燃几支线香，收集香灰，把香灰放入玻璃杯里，加水摇匀。
2.在吸管中塞入少许纸巾，制成过滤器。
3.拿滴管在杯子里吸取少量香灰水，从吸管的一端滴入，让过滤出来的液体流进另一个杯子，溶液基本是透明的，如此反复操作几回。
4.用毛笔蘸着滤清的香灰水，在纸上随便写几个字，然后晾干。
5.点燃线香，在你写过的每个字的起笔处烧一个小洞，你会看到星星之火沿着笔迹慢慢地延展开来。这样就"写"出了字。

◆**游戏中的科学**
香灰中有一种含钾化合物，这种化合物可溶于水，并能降低纸的燃点。所以纸张上涂有香灰水的地方比较容易燃烧，星星之火不易熄灭，蔓延开来就像纸自己写字一样。

右脑开发
577

+ **难度级别**：中级
+ **完成时间**：10分钟

火山喷发

　　火山的喷发类型为何不同？跟着下面的游戏做一做，你就明白了。

◆**准备材料**
①3个空胶卷盒　②一个圆规　③小苏打粉
④醋　⑤玉米粉　⑥一把汤匙

◆**游戏DIY**
1.在3个空胶卷盒里倒入醋，各倒半盒即可，将一汤匙玉米粉倒入其中的一个盒里。
2.在装玉米粉的那个胶卷盒的盒盖上用圆规扎10个洞，在另外一个盒的盒盖上也扎10个洞，第三个盒的盒盖不扎洞。
3.将3个盒盖打开并翻过来，每个盒盖里都放一点小苏打，然后盖上盖子。小苏打很快掉进盒里。
4.在放玉米粉的那个盒里，有一些气泡从盖上的小洞里冒出来。接着，黏稠的液体挤开盒盖并流淌出来。盒盖上未扎洞的那个盒子，液体喷涌而出，将盒盖弹开，再慢慢流淌。剩下的那个盒子，白色的液体从小洞射出，像喷泉一般。

◆**游戏中的科学**
　　小苏打和醋混合后产生大量气体，这些气体逃逸出盒子时，带出了由玉米粉和醋混和的液体。火山喷发也是同样的道理。地层深处的热熔岩中含有大量气体，它们破地而出时，带出了液态的岩浆。如岩浆不黏稠，就会流出或者喷出；如太过黏稠，就会堵塞出口。

右脑开发
578

+ **难度级别**：中级
+ **完成时间**：10分钟

没长脚的小丑

　　石头是大自然赐予我们的礼物。看似平平无奇的石头，经过我们的加工就可以做成各种各样的小娃娃。准备两块圆石头吧，我们会用它们变出一个可爱的小丑来。

◆**准备材料**
①大、小两块石头　②画笔　③颜料
④棉纸　⑤棉花　⑥热熔胶　⑦钢刷

1.在小石头上画出小丑的眼睛及嘴巴，在大石头上画圆形色块做装饰。

2.用棉纸做成帽子，里面塞满棉花。

3.用棉纸折出小丑的衣领，用热熔胶将头部及衣领固定在身体上。

4.用钢刷做小丑的头发，并用胶把它固定在头部，可爱的小丑就做好了。

+ 难度级别：中级
+ 完成时间：10分钟

◆准备材料
① 缎带　② 针线　③ 剪刀　④ 胶水
⑤ 一本笔记本　⑥ 乳胶　⑦ 格子布
⑧ 小刀　⑨ 电熨斗　⑩ 造形剪刀
⑪ 枣红色美术纸　⑫ 硬纸
⑬ 三角尺　⑭ 笔

我的日记本

每个人都有自己的小秘密，如果把日记写在自己亲手制作的日记本上是不是更有趣？多年以后，当打开这些尘封的记忆时，心中会有更多的感慨吧！那就赶快动手，好好构思一下吧！

1. 量出笔记本封面、封底、书脊的总长以及笔记本的宽度、高度。

2. 在硬纸上裁出比笔记本封面、封底加书脊的总长多1厘米，比笔记本封面的宽度多1厘米的长方形。

3. 在长方形硬纸中心处画出书脊的位置，并用小刀沿线轻划出折线（千万不要划破纸板）。

4. 裁出一块长、宽比白色硬纸板各多出4厘米的格子布。

5. 裁出两张长、宽比封面、封底分别小1厘米的枣红色美术纸，然后剪出两条长约15厘米的缎带。

6. 在格子布的左右两边居中处缝上缎带，再用乳胶将枣红色的美术纸裱贴在封面以及封底的内侧。

7. 用印染的方式在无纺布上印上所需的文字，再用造形剪刀将小标签剪出花边，并将其粘贴在封面上。

8. 将做好的封面粘贴在笔记本上。

9. 作品完成。

右脑开发

580

温馨卡片

+ 难度级别：中级
+ 完成时间：10分钟

每个细节都包含着你的感情和智慧。

◆准备材料
①美术纸　②线透　③转印字　④塑料片
⑤棉纸　⑥棉绳　⑦剪刀　⑧小刀
⑨胶水

　　送一张漂亮的手工卡片给好友，会让好友永远记住你，因为卡片上的

1.先用美术纸裁出一个长方形，对折后在正面割出一个框形。

2.用美术纸做出4片不同形状的叶子。

3.裁出两张同样大小的塑料片。

4.将叶子固定在塑料片上，粘在美术纸背面。

5.将棉纸裁切成同样大小贴在美术纸上。

6.在棉纸四周边框上粘上线透。

7.将黑色的英文字体转印在卡片的下方。

8.将棉绳穿入叶子内套并打结，卡片就做好了。

右脑开发

581

+ **难度级别**：高级
+ **完成时间**：15分钟

小天使时钟

◆准备材料
①心形巧克力盒　②大型饮料瓶
③时钟零件　④铝箔纸　⑤泡绵管
⑥铁丝　⑦剪刀　⑧打火机　⑨钻子
⑩热熔胶　⑪相片胶　⑫老虎钳

　　小天使时钟的制作过程并不是特别复杂，我们也可以动手做一个。用自己做的时钟装饰房间，一定很别致！

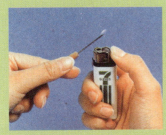

1.用打火机把钻子烧热，穿洞时，塑料就不会破裂。

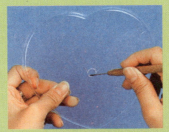

2.在巧克力盒中央钻出一个小圆孔。

3.用大饮料瓶剪出两片大羽毛及其他羽毛零件，用热熔胶把羽毛一层层地组合成一体。

4.把铝箔纸捏成皱褶状，再将铝箔纸铺到巧克力盒内，并用相片胶黏合接边。

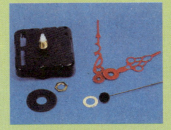

5.准备时钟的零件备用。

6.把时钟主体穿过打好的孔。

7.一一组合其余零件，再把翅膀粘在巧克力盒盒底背面两端，将盒盖及盒底组合。

8.把长铁丝穿入泡绵管中，然后将两端铁丝扭成一体，固定在盒子的顶端，时钟就做好了。

右脑开发
582

＋ **难度级别**：高级
＋ **完成时间**：15分钟

可爱的娃娃

这个小娃娃很可爱吧，想不想做一个挂在背包上呢？让我们动手做一个吧！

◆ 准备材料
① 黑色、肤色、红色、白色的无纺布
② 黑色、红色的珠子　③ 粉彩　④ 缎带
⑤ 针　⑥ 黑线、红线　⑦ 胶水　⑧ 棉签
⑨ 纸　⑩ 剪刀　⑪ 棉花

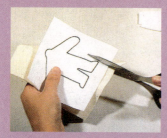

1. 在纸上画娃娃，并剪下娃娃各个部位的形状。

2. 按剪下的形状剪肤色无纺布，并在脸上绣出眉毛、嘴巴，用黑珠子做眼睛。

3. 将身体各部位塞入棉花后缝好缺口。在头部缝上黑色无纺布做的头发。

4. 缝上白色无纺布做的衣服。

5. 缝上红色无纺布做的裙子与小红鞋。

6. 在白色衣服上缝两颗红色小珠子做扣子。

7. 用缎带打一个蝴蝶结，并用胶水将其粘贴在衣领处。

8. 用刀子刮下粉彩，再用棉签沾涂在两颊上。

9. 作品完成。

答案页
ANSWER

Chapter 01 解析

001-052 略。

Chapter 02 解析

053 A。

054 C。光在水里会发生折射。

055 它们分别是瓢虫、剪刀和洒水壶。

056 A.巫婆的鼻子也是年轻女子的下巴。B.一个可以看到3/4脸的人和一条鱼。C.兔子的耳朵也是鸭嘴。D.走进雪屋的因纽特人的背影和印第安人侧着的脸。E.突出的天鹅的头也是一只大尾巴的小松鼠。F.往右飞的隼和往左飞的野鹅。

057

058

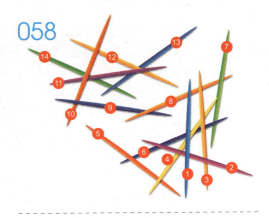

059 一样长。

060 图中的直线都是平行的。

061 1.熊猫长着黑色圆尾巴。2.青蛙爪子上没有蹼。3.刺猬长着尾巴。4.一个头上长角的公鹿在给小鹿喂奶。

062 第一组人物正在打排球，第二组人物正在跳远。

063 你盯着看的那处没有黑点。粗略地看这幅图时，你能在白线相交的地方看见一个个黑点，这种幻觉是由色彩交错造成的。但是当你仔细看某个黑点时，这个黑点就消失了。

064 B是玩具手表，因为它的指针过长，无法在表盘里旋转一周。

065 10个三角形。

066 C。

067

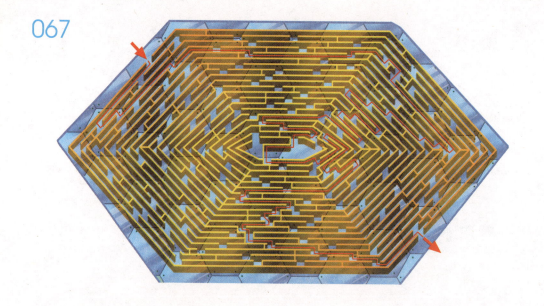

068
小蜜蜂从蜂巢的"无"字出发，到"头"字结束。它的走法由36个字恰好组成一首词：无言独上西楼，月如钩。寂寞梧桐深院锁清秋。剪不断，理还乱，是离愁。别是一番滋味在心头。这首词是南唐李煜的名作，词牌名为《相见欢》，又名《乌夜啼》。

---

069 D。

---

070 B。

071
李琳不能很快找到张娜家。因为当时是傍晚，太阳在西侧。如果李琳碰到一棵小树后往西走，那么她的影子应该在身后，而不是身前。

---

072 E。

---

073 B和D。

---

074 E。

---

075 大大小小的正方形共36个。

---

076 A。

---

077 B。选项D太小，所以不合适。

---

078 只有一根橡皮圈。

079 能看到26个面。

080

081 A：1 2 3   B：1 2 4
C：1 3 4   D：2 3 4

082 C。

083 略。

084 公共汽车驶往A方向，因为公共汽车的车门总是在车头的右侧。

085 E。E里的珠子从外向内是按逆时针方向旋转的，其他的手链从外向内是按顺时针方向旋转的；另外串珠的均匀程度不一。

086

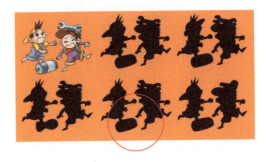

087 C。

088 B。

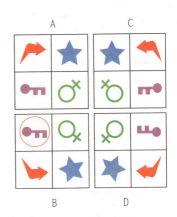

089 10条。

090 按下图的线路走最好。若被一个一个的房间所束缚，这个问题就很难解决。

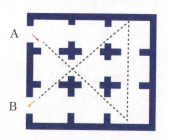

092 20块。

093 E。

094 D。

091

095 红线是不经过红色方格的路线，绿线是不经过绿色方格的路线，蓝线是不经过蓝色方格的路线。

096 41。由于每个骰子都有21个点，现在我们能看到22个点，所以还有41个点是看不到的。

097

098 D。

099 答案示例：A.一只在老鼠洞门口守候的猫。B.一个女孩戴着太阳帽，穿着花裙子，走着平衡木。C.一只小熊爬到树上去找蜂蜜。

100 路径是1、2、6、4、3、5。

101

102 C。从底部开始，按顺时针方向，成对的小三角形颜色深浅互换。

103 ①3面呈黄色的立方体有8个。②2面呈黄色的立方体有12个。③1面呈黄色的立方体有6个。④无色的只有1个。如下图，8个角上的小立方体是3面呈黄色的；各面上有"○"的是1面呈黄色；最中心的呈无色，仅有1个；剩下的都是2面呈黄色。

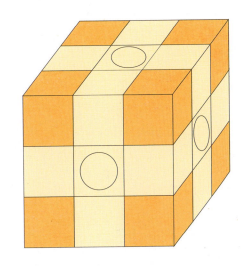

104

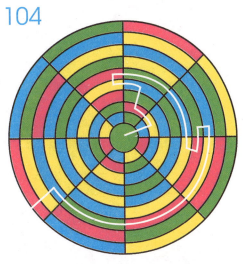

105 D和E。

106 原来的坠饰是从第8颗珍珠起向左右分开，但是经过珠宝商的改造后，变成从第9颗珍珠开始分开。按原来的数法虽然一点没变，但总数却从23颗变成21颗。

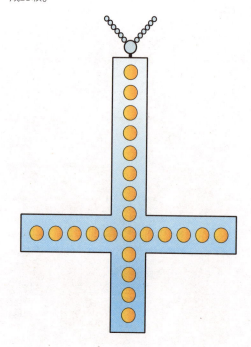

109 D。

110 小姨家住在3E。

107 D是大气球的镜像。

111 两图的阴影部分一样大。

108

112

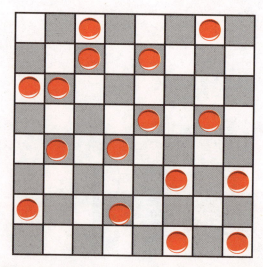

113

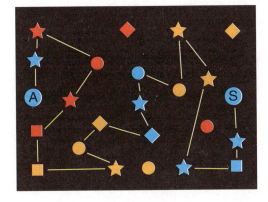

114

115

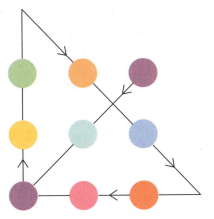

116 A和G。

117 粉色和紫色、橙色和红色、蓝色和绿色。

118 右上角的骰子转动后会变成右下角的骰子。

119 C。

120 还需要48块积木。

121
①墙上的壁画是个荷包蛋。②窗帘上有只鸟。③烟斗里有多根香烟。④上衣口袋里有叉子。⑤左手带手铐。⑥纸上映出手骨的影子。⑦杯子浮在空中。⑧窗外有外星人。⑨裁纸刀的刀尖插着槌子。⑩时钟的分针跑出来了。⑪植物上方开了一朵灯泡。⑫信封上的收信人是Mrs.（福尔摩斯没有妻子）。

122
①月亮上的巫婆剪影。②用来绑窗帘的蛇。③伸出画框的兽足。④标本流口水。⑤楼梯上的骷髅头。⑥蝙蝠的影子是吸血鬼。⑦楼梯踏板里面的眼睛。⑧蜡烛火焰中的鬼脸。⑨书中夹着一只兽足。⑩自动写字的鹅毛笔。⑪漂浮的玻璃杯。⑫从花瓶中伸出来的手。⑬停在眉眉头上的蝴蝶。

123

出口

入口

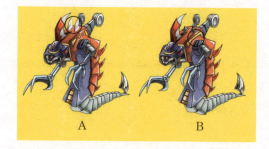

124

A   B

127 大立方体是由84个小立方体搭建而成的。

128

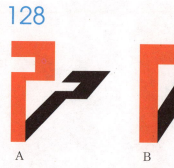

A   B

125 C。

C   D

126 下面是众多答案中的一个。

246

129

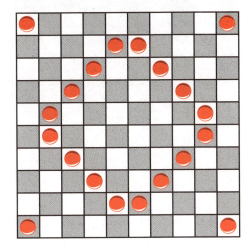

130 A friend in need is a friend indeed.

a	f	r	i	n	i	s
d	e	i	d	n	d	a
d	e	e	n	e	e	f
n	i	d	n	e	i	r

131 D。

132

起点

133
D。注意每个立方体中3个黑点的走向。A、B、C立方体中3个黑点的走向相同，只有D里的3个黑点的走向与众不同。因此，异样的立方体是D。

134
A与E、B与F、C与D可拼合成3个完整的方块。

135
黑桃7。小丁摆的牌，每一组桃柄向下的黑桃都要比反方向的黑桃多3个，所以断定黑桃7上下放反了。

136 C。

137 E。

138

139 A。

140 D。根据其他3座天平所示的重量判断，应该是紫砖比绿砖重，而D图画的紫砖和绿砖重量相等，因而与其他不同。

146

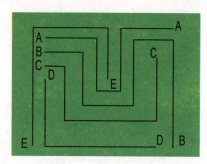

141 B、C、E。

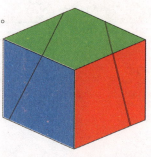

147 A和C。

148 送通知的路线是：导游→21→17→18→12→11→6→5→2→1→4→3→8→7→13→14→19→20→15→9→10→16。

149 D。

142

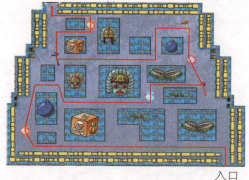

150 M。M不能由其他任何图片旋转或镜像得出，而别的图片则可以。

143 A。

151

144 C没有出现。

145 得意忘形。

152 E。A~D其实是同一幅图片，只是进行了不同角度的旋转。

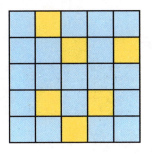

156

153

happy birthday

154

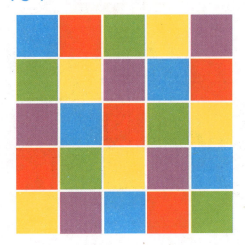

157

155 B。将A左右镜像，即选项C。将C上下镜像，即选项D。

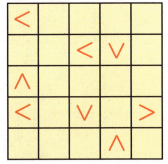

158 背面拍摄的照片与正面不同的地方是：1.风车的扇叶颜色不同。2.帽子上的飘带比正面照片的短。3.小孩握风车的手的方向与正面照片不同。4.小鸟翅膀的方向不同。5.爸爸的衣袖由长袖变成了短袖。6.儿子头型变成了向右的偏分头。7.小狗戴的项圈上的蝴蝶结向左偏。8.爸爸做V字型的手指变成了3根。

159

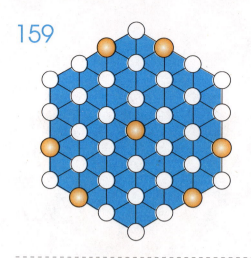

164

共有8枚徽章。

160

165

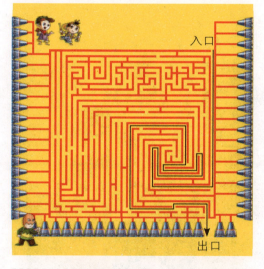

入口

出口

161

162

c。

166

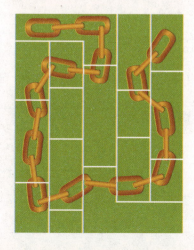

163

①都有"＄"图案。②都有数字1、2、3。③每行都只有一个蓝点。④"⊙"位置相同。⑤"★"都在边角上。⑥都有两颗五角星。⑦五角星都在同一条对角线上。⑧都有5个蓝点。⑨每列都只有一个蓝点。⑩在每幅图里，每行数字的总和都是24。

250

167

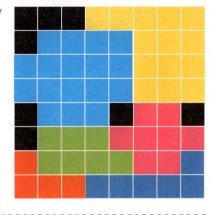

168
有两组数字符合条件，第一组是7、6、4、2，第二组是2、4、6、7。

169

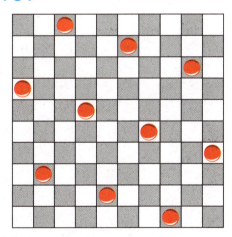

Chapter 03 解析

170
147。数字从上至下，以47231的顺序循环。

171
星期二。虽然题目有些"绕"，但只要用笔在纸上写上完整的一星期，按要求点一点，就一目了然了。

172
12。这是一个等差为2的等差数列。

173
（1）周。这是按照时间间隔从短期到长期排列的。
（2）6月。这里是把小月（30天的月份）依4月起到11月止排列，6月正好位于4月和9月之间。
（3）千比特。比特是测量计算机容量的一个术语，这里是按计算机容量逐渐增大而排列的，千比特位于比特和百万比特之间。
（4）北回归线。这里是依照从北极到赤道的纬度排列的，北回归线正好位于北极圈和赤道之间。
（5）马。这里是根据动物的体形从小到大排列的。事实上，蓝鲸是世界上最大的哺乳动物。

174
A和B打算按照图示的方法射击，C打算射击桌子腿。

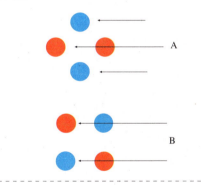

175
有4种可能：A若是儿子，则B-C-A，C-B-A；A若是女儿，则A-B-C，A-C-B，B-C-A，C-B-A均可能。

176
47双袜子。如果他拿出46双袜子，它们可能都是蓝色和红色的。为了确保他有一双黑色的袜子，他必须多拿一双。

177
分别用田忌的下等马对齐王的上等马，上等马对中等马，中等马对下等马。这样，3场比赛过后，田忌便能以一负两胜而取胜，最终赢得齐王的千金赌注。

178 只需要挪动一次。把左起第二个瓶子中的沙子倒入右起第二个空瓶中。

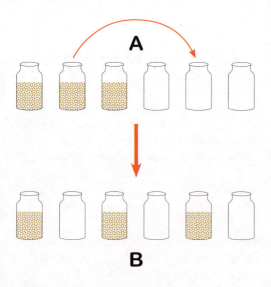

179 21。从1～15找规律，后面的数字依次是以前一数加上2、3、4、5得到的，所以最后一个数为15+6=21。

180 8个数字。首先吃掉当天的药，然后把第2天到第9天要吃的药编上号，而第10天吃的药不编号也可辨认，因此有8个数字就足够了。

181 12（267，276，279，297，627，672，726，729，762，792，927，972）。

182
（1）池塘。"池塘"是静水，而其他都是流水。
（2）盾牌。"盾牌"是一种防御性武器，而其他都是进攻性武器。
（3）小号。"小号"是吹奏乐器，而其他都是弦乐器。
（4）月亮。"月亮"是卫星，而其他都是行星。
（5）碳。"碳"是非金属元素，而其他都是金属元素。

183 986。因为：
38×42=1596
76×25=1900
29×34=986

184 答案是0。正方形中每一列数字加起来的总和是10，最后一列中前两个数字之和已经是10，所以正确答案是0。

185 观察分子，后一个数的分子是由前一个数的分子减3得到的；观察分母，后一个数的分母是由前一个数的分母加3得到的。由此可知，最后一个分数应该是5/19。

186 观察分子，排在第几位的分子是由2的相应第几的乘方得到的；观察分母，后一个数的分母是由前一个数的分母依次乘以2、3、4、5得到的。由此可知，最后一个分数应该是64/720。

187 观察分子，后一个数的分子是由前一个数的分子依次乘5和减5得到的；观察分母，后一个数的分母是由前一个数的分母依次加10和减10得到的。由此可知，最后一个分数应该是70/10。

188 7。经观察可知，得数的个位数字为9，而使两个相同数字相乘的结果个位是9的只能是3和7，分别将这两个数代入式子中，则7符合条件。

189 如下图：

190 如下图：

191 规律：每排开始和结尾的数字都是1，其余的数字为其上一行对着的两个数字之和。

192 跟网球冠军下象棋，跟象棋冠军打网球。

193 规律：这列字母是按照英文单词One～Eight（1～8）的头一个字母排列的。下一个应该是字母N（即Nine）。

194 如下图：

	38	31	31
52		24	24
31	24		45
17	38	45	

195 估计很多人都以为321就是由1、2、3组成的最大数了吧！其实，并不是这样的。正确答案是3的21次方，请拿出计算器，算一算这个数到底有多大吧。

196

（1）把62移成2的6次方。$2^6-63=1$

（2）把等号上的"—"移到前面的减号上，使等式成为62=63-1。

---

197 26。此数列是按照把前一个数顺次+2+6+2+6+2+…的规律排列的。

---

198 3种。第一种是一边放15克，另一边放7克和8克；第二种是一边放23克，另一边放15克和8克；天平上什么都不放，也是一种办法。

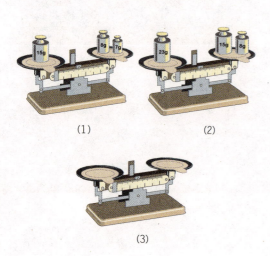

（1）　　　　（2）

（3）

---

199 30/36。经观察，分子是按照+2、×2的顺序排列的；分母是按照×2、+2的顺序排列的。

---

200 你可以将其中一个瓶子装满水，然后再倒入另一个瓶子中。如果装不满，则另一个瓶子容积大；如果装不下，则另一个瓶子容积小；如果正好装满，则两个瓶子的容积相等。

---

201 最少为6人。每站下1个人，还可以是6的2倍、3倍、4倍、5倍、6倍，每次下车为2人、3人、4人、5人、6人。注意，长途汽车必须有座位，故不能超过36人。

---

202 在三角形的那组图形中，外边三角形中的3个数相乘，再除以2，就得到中间三角形中的数字，因此，$3×4×6÷2=36$。在圆圈的那组图形中，小圆圈中的3个数相加，再乘以2，就得到大圆圈中的数，因此，$(5+6+9)×2=40$。

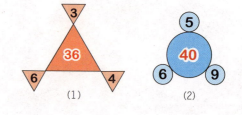

（1）　　　　　（2）

---

203 如下图：

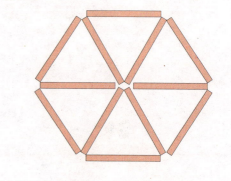

---

204 贵族只要让11个商人占领1、4、5、8、10、13、14、17、19、22、23这11个位置，就可以保证他们不被抛到海里去。

---

205 在从左边斜向上连成直线的4个数字中，第一个数字乘以第三个数字等于第二个数字与第四个数字结合成的两位数，即：$3×8=24$，$9×4=36$，以及$7×6=42$，$5×7=35$。

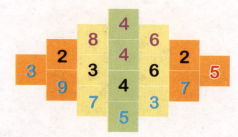

206

$7 \times 4 + 19 = 47$

207 如下图：

208 如下图：

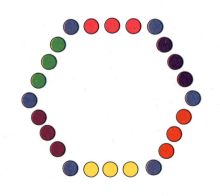

209 会。如果差是4人，其部下肯定或者男女都是偶数，或者男女都是奇数。无论怎样，人数之和都是偶数。包括王科长在内，营业科的总人数都是奇数。因此，有一个人要出场两次。

210 把方格分成3个竖列，每一列的最后一个数的个位与该列的前两个数的个位是一样的，每一列的最后一个数的十位是按照该列数字从上到下的递增顺序排列的。

1	2	10
11	12	20
21	22	30

211 按如下顺序转移：
(1)把A和B转移到Q村，用时2小时。
(2)骑A返回P村，用时1小时。
(3)把C和D转移到Q村，用时5小时。
(4)骑B返回P村，用时2小时。
(5)把A和B转移到Q村，用时2小时。
　　另外，(2)和(4)对调也可以。

212 如下图：

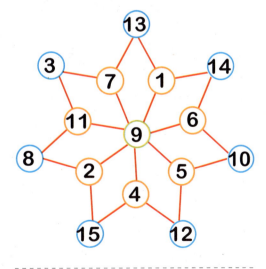

213 正确答案是T。因为"英语字母表"（alphabet）的第一个字母是A，最后一个字母当然是T了。

1	2	3	4
5	6	7	8
9	10	11	12
13	14	15	16

96	11	89	68
88	69	91	16
61	86	18	99
19	98	66	81

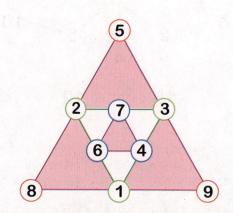

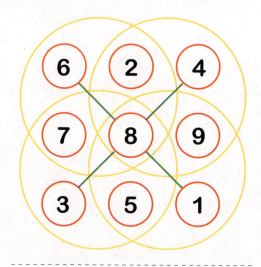

218 题中的7个符号，是1～7这7个数字分别和它们在镜子面前的影像贴在一起合成的，所以第八个符号应该是8和它在镜子前的影像合成的。如图所示：

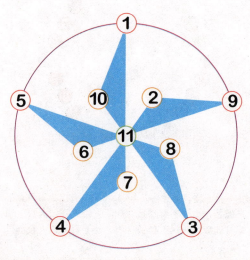

256

220 如下图:

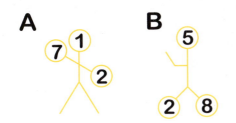

A图为1。因为2+5+3=10，3+1+6=10，7+2+1=10。

B图为5。因为(4+6)÷2=5，(3+5)÷2=4，(2+8)÷2=5。

221 如下图:

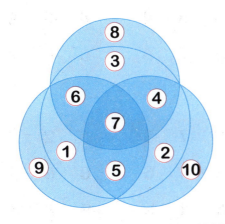

222 如下图:

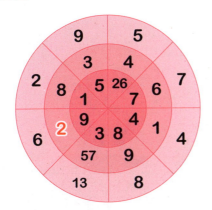

223 两人将每双袜子都分开，每人各拿一只，这样每人就都有两只黑的和两只蓝的，因为袜子的质地和型号都是一样的，所以就可以凑成一双黑的和一双蓝的了。

224 第四个车位的车号应该是18。规律是：后一个数字是前一个数字乘2减10得出的结果。

225 如下图:

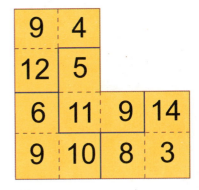

226

(1)答案如图所示:

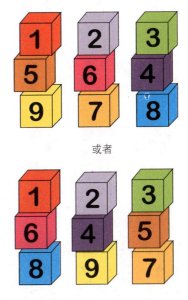

或者

(2)答案如图所示：

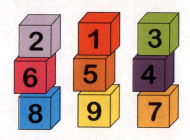

找到答案的思路很简单：1～9这9个数字之和是45。情况1中，每摞积木的3个数字之和都等于15；情况2中，3摞积木的数字之和分别是16、15和14。掌握了这个特征，就不难找到答案了。

229 1号文件柜放一把3号文件柜的钥匙，2号文件柜放一把1号文件柜的钥匙，3号文件柜放一把2号文件柜的钥匙，其余每人一把。

230 34分钟。（首先1:11,2:22,3:33,4:44,5:55,11:11这6分钟各出现两次。另外容易忽略的12:22,10:00,11:10,11:12,11:13,11:14,11:15,11:16,11:17,11:18,11:19这11分钟也各出现两次，总计34分钟。

227 如下图：

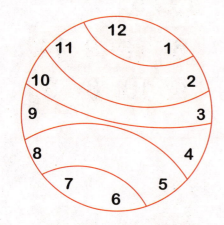

228 用第一和第三只爪上的数字之和减去第二和第四只爪上的数字之和得尾上的数字。

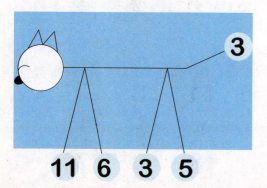

231 如下图：

1	9	2
3	8	4
5	7	6

2	1	9
4	3	8
6	5	7

2	7	3
5	4	6
8	1	9

3	2	7
6	5	4
9	8	1

232 如下图：

```
      1   7
  ×       4
  ─────────
      6   8
  +   2   5
  ─────────
      9   3
```

233 如下图（底面数字为5）：

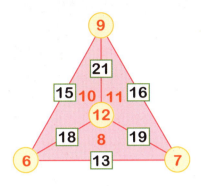

234

构成三角形的规律是：除去最下的一行外，其余每一行的每一个数，恰好等于其下一行中与该数最靠近的两个数差的绝对值。因此，由1～15所构成的三角形是：

235

规律是从中间的0开始，逆时针向外旋转填数至9，反复9次。因此，A～D分别应填上1、9、8、7。

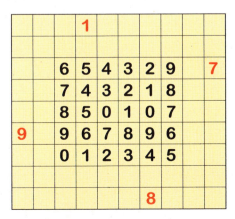

236 如下图：

73	15	3	31
3	29	71	19
41	17	5	59
5	61	43	13

237

16。颠倒数字顺序，所有的数都变成了质数：
31－37－41－43－47－53－59－61

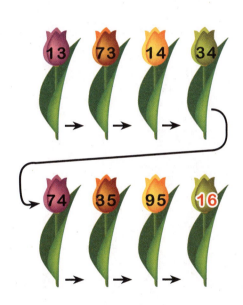

238

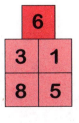

3+8+5=16

239 4位。比方，分别用各自懂A、B、C、D国语言并且都懂E国语言就可以使全部代表听得懂了。即：

A------ E
B------ E
C------ E
D------ E

---

240 102。各图形的边数和它内部的数字的规律：
正八边形的边数8×17=136
正六边形的边数6×17=102
正五边形的边数5×17=85
正方形的边数4×17=68
正三角形的边数3×17=51

---

241 $14\frac{3}{4}$。观察可知有两个序列，用不同形状的框图表示，其等差分别为$-1\frac{3}{4}$和$1\frac{1}{2}$，故可分析出下一个数属于$1\frac{1}{2}$序列，从而得出结果。

---

242 如下图：

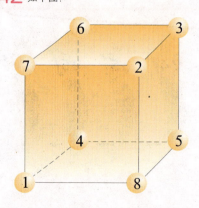

---

243 从石头、剪刀、布中选其中两个，由一个出弱的，剩下的全部出强的。例如，如果一人出石头，其余的全出布。这样，对方即使有人出剪刀也是平局，如果对方没有出剪刀的话，出布的人就获胜。以这种方式重复进行下去，就可以去掉平局，最少到划第四次拳时即可使一个人最后获胜。这是个有一定难度的问题。在这种情况下，最好的策略就是做到不要使全部人员一次输掉。

244
（1）9+8+7+65+4+3+2+1=99，或9+8+7+6+5+43+21=99
（2）1+2+34+56+7=100，或1+23+4+5+67=100

---

245 如下图：

---

246 全部答案为12个，下面是答案之一：

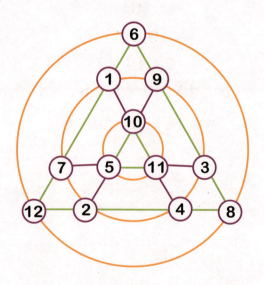

---

247 规律如下：
$7-6+1=2^1$
$6-4+2=2^2$
$9-4+3=2^3$
$10-6+12=2^4$
$17-5+20=2^5$
因此，空格内应填20。

248 用3架飞船，按照表中所列顺序，搬动16次即可。

次数	19吨	13吨	7吨
	0	13	7
1	7	13	0
2	19	1	0
3	12	1	7
4	12	8	0
5	5	8	7
6	5	13	2
7	18	0	2
8	18	2	0
9	11	2	7
10	11	9	0
11	4	9	7
12	4	13	3
13	17	0	3
14	17	3	0
15	10	3	7
16	10	10	0

249 用4个4可以表示各种各样的数。比方说 (44+4)/4=12。用这个窍门表示的0～10的数字如下：

0=4+4-4-4
1=44/44
2=4/4+4/4
3=（4+4+4）/4
4=（4-4）×4+4
5=（4×4+4）/4
6=4+（4+4）/4
7=4+4-4/4
8=4+4+4-4
9=4+4+4/4
10=（44-4）/4

Chapter 04 解析

250

(1)左边4个字的下部依次为金、木、水、火，故应选一个下部是"土"的"至"字。
(2)左边4个字分别包含东、西、南、北，应选一个包含"中"的"种"字。

251 信的意思是：归（龟）、 归（龟）、 归（龟）、 速归（竖龟）。

252 如下图：

253 因为小曼小的时候肯定见过比自己高的人。

254 每个字2元钱。

255 会。因为只有两粒豆：一粒是绿豆，另一粒是黄豆。

256 有。因为约翰仰着头、张着大嘴巴，把倒下来的胡萝卜汁全部喝光了。

257 妙在"三两漆"与"三两七"同音。

258 如右图：

259

（1）三长两短；　　（2）大同小异；

（3）接二连三；　　（4）五湖四海。

260 "百"与"柏"同音，鬼谷子先生说的是"柏担榆柴"，而不是"百担榆柴"，庞涓领会错了，所以输了。

---

261 如下图：

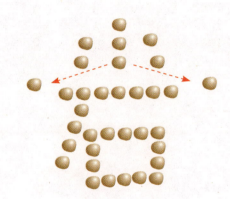

---

262 雪花。

---

263 张老太养了一群鸭子，所以她吃的是鸭蛋。

---

264 取出4个球时，把它们放在另外的一个地方，待添加3个球时，再把剩下的3个球与那4个球放在一起，就摆成原样了。

---

265 这是个拆字谜。"本"字和"末"字都可拆成"八、十、一"，"白"字是"'百'字少一"，即"九十九"。因此，写"本"字的老爷爷和写"末"字的老爷爷同是81岁，写"白"字的老爷爷是99岁。

---

266 关键是如何理解"一个面向南而另一个面向北"，如果你理解为两个人背对背站立着，就无法得出答案了。要知道，两个面对面站立的人，也可以做到"一个面向南而另一个面向北"。所以，答案是无需移动，两个人已经看到对方的脸了。

---

267 那个被打的人名叫扑克。

---

268 因为贝贝是个婴儿。

---

269 当然可以。题目只说"马被一根5米长的绳子拴着"，并没有说另一头拴在木桩子上。

---

270 因为他们住在对门。

---

271 如下图，"岩"变成了"小石"。

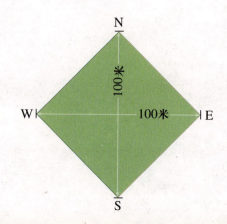

---

272 土地如下图所示，这样，面积只有5000平方米。

N

100米

W ——— 100米 ——— E

S

273 杨先生是宇航员，这回的工作地点是失重的宇宙空间，沙漏计时器无法使用。人们被语言所迷惑，就有可能看不清事物的本质。如果能做到不受"沙漏计时器"、"刷牙"等日常生活用语的束缚，凭借直觉力就能答出此题。

274 小偷说："那么就让我老死吧！"

275 如下图：

276 如下图：

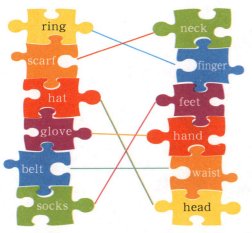

277 司马相如的信内容是"一二三四五六七八九十百千万"，缺少"亿"。"亿"谐音"忆"或"意"，表示对卓文君已没有"回忆"、无"意"。卓文君的信的空格处依次填上"一、二、三、四、五、六、七、八、九、十、百、千、万、万、千、百、十、九、八、七、六、五、四、三、二、一"。这些数词，表达了卓文君对丈夫司马相如的苦思。

278 他们都姓卜。

279 这是个拆字谜。"醋"字可拆成"廿一日酉"，酉，即酉时。这就是贩毒团伙的接头时间。

280 因为"庆有余"与"磬有鱼"同音。

281 "左"边那条路。"句"字左边添一竖，念"向"，牧童的意思是向左边走。

282 纪晓岚采用的是拆散字形结构的方法。他其实是在骂和珅一家个个是草包：竹苞——个个草包。

283 答案示例：
（1）傻瓜（呆瓜）
（2）车床（河床）
（3）壁虎（爬山虎、纸老虎）
（4）海带（光带）
（5）蜗牛（牵牛）

284 "6"字去头是0，"8"字的一半也是0，"9"字无腿还是0，实际上乐乐一只野兔也没有打到。

285 A先生说道："从这个破洞里，我却看出了愚蠢。"

286 海涅说："如果真是这样，那只要我和你一块儿去一趟小岛，就可以弥补这个缺陷了。"

287 有可能。可以认为卡马霍克嘴里含着嚼烟。烟草中除了普通的卷烟之外，还有烟丝、鼻烟、嚼烟等。其中，鼻烟和嚼烟是不需要点火的。

289 爱因斯坦又说："何必呢？反正在纽约谁都认识我了。"

288

(1)(she-s)+(smart-sm)=heart（心脏）

(2)(brag-g)+(ink-k)=brain（脑）

(3)(living-ing)+(her-h)=liver（肝脏）

(4)(stove-ve)+(march-r)=stomach（胃）

(5)(luck-ck)+(rings-ri)=lungs（肺）

290 参考答案：

呀　　昒　　腥

抱（包手）　　跑（包足）　　躁（止噪）　　赵

291 如下图：

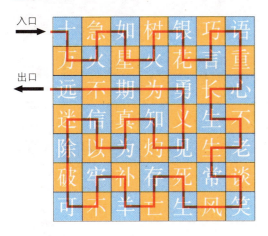

292 如下图：

293 如下图：

294

丢车保帅　　车水马龙　　一马当先
身先士卒　　自相矛盾　　如法炮制
调兵遣将　　行将就木　　兵荒马乱

295

小A一手把口琴放在唇边，一手拿起鼓槌，一面敲鼓，一面吹奏一支曲子。谜底就是：自吹自擂。

296

老师写的话中"错误"一词出现了3次，即3个"错误"。还有一个错误，就是黑板上的话中把原本有的3个"错误"说成了4个。所以，共有4处。

297 如下图：

265

298 王村会合。"主人不点头",是"王"字;"十人一寸高",是"村"字;"人小可腾云",是"会"字;"人皆生一口",是"合"字。

306

$$3\ 天 + 7\ 天 = 1\ 旬$$
$$2\ 刻 + 2\ 刻 = 1\ 时$$
$$5\ 时 + 19\ 时 = 1\ 天$$
$$4\ 月 + 8\ 月 = 1\ 年$$

299 徐文长说的是:秦始皇吞并六国。

300 口。

307 调虎离山、放虎归山。

308 晶。

301 和珅说:"是狼(侍郎)是狗?"有侮辱纪晓岚的意思,所以,纪晓岚也不客气地回应:"垂尾是狼,上竖(尚书)是狗。"

309 知止而后有定,定而后能静,静而后能安,安而后能虑,虑而后能得。

302 书生把对联改成:"父进土,子进土,父子皆进土;婆失夫,媳失夫,婆媳皆失夫。"

310 杜罗夫说:"如果我能生一张您那样的脸蛋儿的话,我准能拿到双薪!"

303 这里用的是谐音,意思是:一柏、一石、一座庙。

311 莫扎特回答:"可那时候我没有问过谁交响乐该怎样写呀?"

304 对联中隐含着"缺衣(一)少食(十),没有'东西'"之意。

312 狄更斯说:"虚构故事就是我的职业。"

305 谜底是月亮。月初和月底的月亮都是月牙形,月半时的月亮是圆形,没有"牙"。

313 莫洛托夫说:"我们两个都当了叛徒啦。"

314 如下图：

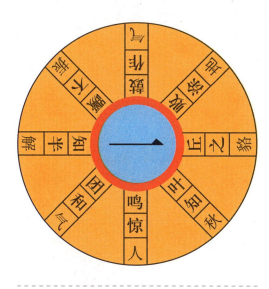

315
张先生有4位朋友。做此题要注意，汉语名词的复数形式没有词形上的变化，如"朋友"这个词。

316
井水没有鱼，萤火没有烟，枯树没有叶，雪花没有枝。

317
如右图：

万	水	千	山	高	水	低	声	下	气
无	人	浮	于	事	出	有	因	小	象
中	海	阔	天	空	前	绝	后	失	万
目	人	山	俱	下	马	看	花	继	千
障	叶	人	泪	■	■	言	有	大	军
叶	一	逼	声	■	■	巧	人	快	马
一	势	成	■	■	语	人	心	人	到
如	不	泣	而	隅	向	所	怡	心	成
口	形	忘	意	得	自	然	神	旷	功

318

三头六臂 − 三心二意 = 四海为家

四面八方 ÷ 八拜之交 = 六根清净

四大金刚 + 一蹴而就 = 五体投地

一本正经 × 三思而行 = 三生有幸

十八罗汉 − 一网打尽 = 光怪陆离

七步成章 + 三顾茅庐 = 拾遗补缺

一见如故 × 一目十行 = 一曝十寒

十年树木 × 百年树人 = 各有千秋

三从四德 + 学富五车 = 三教九流

一视同仁 × 七嘴八舌 = 七颠八倒

四通八达 × 一帆风顺 = 四平八稳

319
两幅绸带上写的字合起来就是：认(言忍)贼作父(爹)。

320
滚蛋。

321
水乳交融、一分为二。

322 我们可以先设问：为什么放馒头要用盘子，而不用碗或其他器物盛上呢？或直接放在桌子上呢？其次，馒头当然是给人吃的，这样，"盘点、进口"这两个商业用语是不难想象到的。猜的时候把盘子里的馒头吃掉就行了，即将盘中的点心吃进口中之意。

---

323 "天下"为"大"，"第一"即"头"，"味"也可当"菜"讲，所以"天下第一味"就是指"大头菜"。

324
（1）一双手是10个手指，戴上10指手套，仍是10个手指。
（2）6个月加上6个月正好是1年。
（3）星期四再过4天，就是星期一了。
（4）4角方桌锯下1个角，就成了5个角了。
（5）上午7点再过7小时，就是下午2点了。
（6）3个月加上3个月正好是半年。

---

325 黄河远上，白云一片，孤城万仞山。羌笛何须怨？杨柳春风，不度玉门关。

---

326 用。

（"用"字拆为"三山倒立"）

（"用"字拆为两个"月"字）

（"用"字拆为"田"、"川"二字）

---

327 用手把火柴折成U字形或V字形。

---

328 马克·吐温的方法是往船里灌水，使船身下沉超过2英寸，船就能通过桥洞了。

---

329 31场比赛。你当然可通过列出的比赛程序表，数出所有比赛的场数，但这并不是本题所要求的。以下的思路可能会使你感到出乎意料的简明：32支参赛队中，除一支冠军队外，其余31支都是失败队。这31支失败队，每队至少输了一场，也至多输了一场。因此，全部比赛共进行了31场。显然，全部进行过的比赛不可能比31场多，否则就会有一场比赛没有失败队；也不可能比31场少，否则就不会有31支失败队。

---

330 司机的话中有破绽：既然他一句也没听到，又怎么会知道老妇人一直在说话呢？

---

331 面积大的凸透镜通光量大，可以较快把火柴点着；面积小的凸透镜通光量小，把火柴点着要用较长时间。

332

　　分析过程：在图（2）中，往左右两侧各添加2个苹果，天平依旧是平衡的。此时，图（2）天平右侧为：2个苹果、2个西红柿、1串香蕉。图（2）天平右侧恰好与图（1）右侧是等值的，因为图（1）和图（2）的左侧是一样的。因此，2个苹果+2个西红柿+1串香蕉=3串香蕉。式子左右各减去1串香蕉，得2个苹果+2个西红柿=2串香蕉，很明显：1个苹果+1个西红柿=1串香蕉。

333

15件。每个男人在星期一的晚上必须送洗7件衣服，同时取出7件干净衣服，而这一天他身上还要穿1件。

334

女儿把信封拿反了，98倒过来就是86。所以买90元的东西还差4元。

335

用笔在书的侧面（书的切口）画一条直线，这样书的每一页上都留下了一个点，这种方法可以说是最快的方法了。

336

弟弟推论哥哥手里拿的是软糖。因为如果哥哥手里拿的是硬糖的话，他会马上说弟弟手里的是软糖，现在他犹豫了一下，就恰好说明他手里拿的是软糖。

337

把指路牌立起来，让指向甲地的箭头朝着他来的方向，那么乙地和丙地的方向也就同时指出来了。

338

用一条比桥面长的钢索系在炮车与大炮之间，这样两者就不会同时压在桥上，便可以用炮车将大炮顺利地拖过桥去。

339

大卫回答："说得对，尊敬的警官先生，我决定明天大大方方地给镇长先生送来。"

340

答案为选项（3）。

341 比如，对朋友说"今天我一定要骗你"这句话就行了。如果当天能够把朋友骗了的话就成功了，即使没能做到，这句话本身就是撒谎，也属于欺骗。

342 答案是（4）。因为第一个杯子和第四个杯子上写的话是矛盾的，所以必有一真，必有一假。由此可知，第二和第三个杯子上的话是假话。从而，可推出第三个杯子中有纯净水。

343
(1)艾莉的猫名字叫露西；
(2)露西的猫名字叫玛丽；
(3)玛丽的猫名字叫海伦；
(4)海伦的猫名字叫艾莉。

344 通门铃的按钮是从左边数第五个。如果用F表示该按钮，这6个按钮自左至右的位置依次是DECAFB或EDCAFB。

345 他们像下面这样卖了两次苹果。比如：第一次一箱苹果卖20元，A卖了4箱，B卖了5箱，C卖了6箱；第二次一箱苹果卖10元，A卖了7箱，B卖了5箱，C卖了3箱。

346 把两只桶都放进河里，调整两只桶的大米，直到两只桶露出水面的高度相等的时候，两只桶里的大米就一样多了。

347 没有撒谎，照片上的人是章小强的儿子。

348 丁丁应该从瓶子里随便抓一条蛇出来，然后假装被咬到，立刻把蛇扔到地上，它会马上溜得无影无踪。这时，丁丁就可以对犯罪团伙头目说："真抱歉，不过没关系，我们看看瓶子里还有什么，不就能知道我刚才抓住的是大蛇还是小蛇了吗？"这就是说，如果留在瓶子里的是小蛇，那么丁丁刚才抓住的一定是大蛇。当然，结果一看是大蛇，那么丁丁抓的就是小蛇了。

349 为了叙述方便，用甲、乙、丙分别代表3个哲学家。假设甲已发觉自己的脸给涂黑了，那么甲这样想："我们3个人都可以认为自己的脸没被涂黑，如果我的脸没被涂黑，那么乙能看到（当然对于丙也是一样）。乙既然看到了我的脸给涂黑，同时他又认为他的脸也没给涂黑，那么乙就应该对丙的发笑而感到奇怪，因为在这种情况下(甲、乙的脸都是干净的)，丙没有可笑的理由了。然而现在的事实是乙对丙的发笑并不感到奇怪，可见乙在认为丙在笑我。由此可知，我的脸也给涂黑了。"

350 全赞同的反面是：有人不赞同，全不赞同，或只有一个人赞同。

前3项都可以推出题干所说的不是事实，但由题干必然不是事实，不能推出它们中任何一个"必为真实"的结论，所以以第五项是对的。第四项忽视了一个特例，即：由全体不同意也可推出题干所说的不是事实。

351 1个玩具熊，1个玩具兔，1个玩具飞机。

352 根据（1）和（2），若安先生去南河餐馆，那么卜先生去北河餐馆，陈先生也去北河餐馆，这种情况与（3）矛盾。因此安先生去北河餐馆，陈先生也去北河餐馆，这种情况与（3）矛盾。因此安先生只能去北河餐馆，于是根据（2），陈先生只能去南河餐馆，因此只有卜先生才是昨天去南河餐馆，今天去北河餐馆。

353 A是盗窃犯。如果B不是罪犯，那么A或C是罪犯；又因C只有伙同A才能作案，所以，A必定有罪。如果B是罪犯，因为他不会驾车，他必须求助于A或C才可能作案；又因C只有伙同A才能作案，所以A也应有罪。

354 我们知道，亨利是o型血，而他的夫人是AB型血，这样卡特就只可能是A型或者B型血，所以他不是凶手，凶手就应该是有着同样AB型血的杰森。在案件侦破过程中，血型是非常重要的线索，根据科学规律，血型是可以推导的，这对案件侦破具有非同寻常的意义。

355 儿子；男家妹妹的妹妹，娘家嫂嫂的嫂嫂；父亲。

356 如果你的答案是"照片上的人是他自己"，那你就错了。这里，你错误地接受了心理暗示，而没有仔细看条件。根据条件，他父亲的儿子，也就是他，并不是照片上的男人，而是照片上的男人的父亲，也就是说，他是照片上男人的父亲。因此，照片上的男人，是他的儿子。

357 李明是检察长，李松是法院院长，李刚是公安局长，李通是司法局长。从（3）可以看出，李明、李松和李刚都不是司法局局长，司法局长只能是李通。从（1）和（2）看，李明和李刚都不是法院院长，从（4）可以断定李明不是公安局长，可见李明是检察长，剩下的李刚就是公安局长了。

358 1人。只有D被释放了，其他人都在说谎。假定A说了真话，其他4个人之中的3人必须和A说相同的话，如此分析B、C，说真话的只能是D。如果假设E说的是真话，则陷入自相矛盾之中。

359 解开这道题的关键是"只有一个人的判断是对的"。甲、乙都说"赵有希望"，则赵被排除了。丁说"赵不可能"，意味着其他5人都可能，那么根据题意，钱被排除了（甲也说钱有希望），孙被排除了（乙也说孙有希望），周、吴也被排除了（丙说他们有希望）。这样，只有李当上了记者，才符合题意（只有丁一人的判断是对的）。

360 由于金盒子上的话和铜盒子上的话是矛盾的，所以两句话中必有一真。又因为三句话中只有一句话是真话，所以银盒子上的话是假话。因此，画像在银盒子中。

361 A、B、C、D、E五个头像依次为蒙古族、苗族、藏族、傣族和壮族。

---

362 被释放的犯人数只能有如下3种情况：(1)有4个或4个以上的人戴黄帽子→全体释放；(2)有3个人戴黄帽子→释放7人；(3)有2个或2个以下的人戴黄帽子→一个也没有释放。

---

363 能喝。

这天是晴天,这个土族人如果是说真话的人,那么关于"好天气"的回答为"是","梅拉塔——迪"就是"是"的意思了,则"能喝吗?"的回答为"是"。如果说的是假话,问天气时回答的"梅拉塔——迪"就是"不"的意思。那么,"能喝吗?"回答的是"不能",因为他说的是假话,所以水池的水是能喝的。结论是这个土族人不管是说真话的人还是说假话的人,水都是能喝的。

---

364 因为A、甲、C三人都说谎,所以A不娶甲,甲也不嫁C,所以甲嫁给B。C不娶丙,所以C娶乙。剩下就是A娶丙了。

---

365 两个小孩划船过河,其中一个划船回来;甲把船划过河,一个小孩划船回来;两个小孩划船过河,其中一个划回来;乙把船划过河,小孩划船回来;两个小孩划船过河,其中一个划回来;丙把船划过河,小孩划回来;两个小孩一起过河。

---

366 猜一正一反是明智的。因为一共有4种可能性：

	硬币1	硬币2
第一种可能性	正	正
第二种可能性	反	反
第三种可能性	正	反
第四种可能性	反	正

如果我们不区分硬币1、2,只猜正反面,有两种可能是一正一反,所以猜这种情况的命中率比较高。

---

367 解题的关键在于把握"牌子上的标记与实际情况完全不符"。这样,就应该从挂有"男女"牌子的房间里叫出一个人,如果是男人,那就应该是两个男人;而挂有"男男"牌子的房间里应该为两个女人,挂有"女女"牌子的房间里应该为那对夫妇。如果从挂有"男女"牌子的房间里叫出来的是女人,则这个房间里是两个女人;而挂有"男男"牌子的房间里则是那对夫妇,挂有"女女"牌子的房间里应该是两个男人了。

---

368 拿起一根金属棒,用它的一端去接触另一根静止放置的金属棒的中间部分,如T字状。若两根金属棒互相吸引,则可以断定手拿的金属棒有磁性;若两根金属棒互相不吸引,则可以断定静止放置的金属棒有磁性。

原来,磁铁的吸引力不是均匀分布的,它的两端引力特别强,即N极和S极,N极和S极的磁性完全相反。而在磁铁的中央由于两种性质的磁力相互抵消,使它基本上丧失了吸铁能力。

---

369 把9个桶分成3组,每组3桶。在天平两边各放1组,如果平衡,就说明醋在第三组里;如果不平衡,就说明醋在轻的那一组里。然后,按照同样的方法再称一次,就可以找出那桶醋了。因此,至少称2次,才能把那桶醋找出来。

370

888+88+8+8+8=1000

---

371 小姑娘坐在了大力士的腿上,大力士只好认输了。

372 小男孩的回答是："要看那是怎样的桶，如果桶和水池一般大，那池里就只有一桶水；如果桶只有水池一半大，那池里就有两桶水；如果桶只有水池的1/3，那池里就有3桶水；以此类推。"

373 牧童问："你是不是会说话？"如果是说真话的强盗，回答一定是"是"；而说谎话的强盗回答一定是"不"，如说出"不"，一定是说谎；剩下的那个强盗就一定是一半说真话一半说谎话的那个了。

374 如下图：

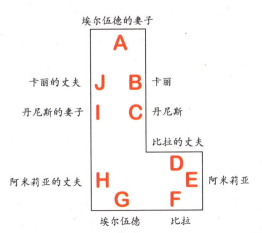

375 老大色盲，所以肯定不能绘画。老二腿脚不方便，肯定不能打篮球。根据小孩看篮球赛时说的话，推断老大为篮球运动员，且为男性。而且老大必有弟、妹各一个（叫"舅舅"者是妹妹的孩子，叫"伯伯"者是弟弟的孩子）。画家将孩子寄留在孩子的姑妈家，则画家为男性，而翻译则为女性。又因为老三患有口吃，无法诵读外语，其职业只能是画家。

综上分析，可知：老大是男性、篮球运动员；老二是女性、翻译；老三是男性、画家。

376 聪明人是B。

假设聪明人是A，则B和C都不是聪明人。这样就会得出A和C都没通过物理考试的结论，与条件矛盾，不成立。

假设聪明人是C，则A和B都不是聪明人。这样就会得出B和C都没通过化学考试的结论，与条件矛盾，不成立。

假设聪明人是B，则可以得出B是唯一通过了物理考试的人，也是唯一没有通过化学考试的人，所以成立。

（注意：从"如果我不聪明，我将不能通过化学考试"，不能得出"如果我聪明，我将能通过化学考试"的结论。）

377 白帽。

假设甲是坐在圈上的学生之一，如果甲看到的5顶帽子是四白一黑或二白三黑，甲马上会猜到自己戴的帽子是黑帽还是白帽。可是，"大家静静地思索了好大一会儿"说明甲正在犹豫不决，也就是说甲看到的是三白二黑，还有一白一黑分别戴在甲和甲看不见的人——对面坐着的学生头上，即相对两人所戴帽子颜色不同。坐在中间的学生按这个逻辑去推导，3组相对而坐的人必然戴着3顶白帽和3顶黑帽，而剩下的一顶白帽一定是戴在自己头上了。

378 因为每个嫌疑犯都做了两次真实的和两次虚假的陈述，所以C说"我说的全是假话"是假的；嫌疑犯中必有一个是小偷，所以C说"我们全是清白的"也是假话。因此C剩下的两句："A有销赃的买主"和"我会开卡车"一定是真话。所以A说"我找不到牛排的买主"，一定是假话。而摩托车是拉不走一卡车牛排的，所以A所说的剩下两句为真话。因此A说"我看见C偷的"是真话。由此判断出小偷就是C。

---

379 A是小说家；B是诗人；C是剧作家；D是音乐家；E是考古学家；F是杂文家。

---

380 A、B、C 3位同学都作了回答，但答案各不相同，使人感到一时无从下手。这时候，不要畏难，也不要急躁，要善于抓住具体问题进行具体分析，一次分析不成功，可以分析第二次、第三次……信心和耐心在这里成了推理成功的关键。

我们先试着分析同学A的回答：

A说B叫"真真"，这样，无论A说的是真话还是假话，都说明A不会是真真（如果A说的是真话，那么B是真真；如果A说的是假话，那么，说假话的A不可能是真真）。

B说自己"不是真真"，如果是真话，自然说明B不是真真；如果是假话，那么，说假话的B当然也不会是真真。

由此可以推断，真真只可能是同学C了。

既然同学C是从不说假话的真真，那么，C说B叫"假假"，B就肯定是假假了。还有同学A，他就只能是真假了。

381 把9枚硬币分成3叠，每叠3枚。

第一次称其中任意两叠，如果这两叠重量持平，则说明假币在第三叠中；取第三叠中的任意两枚硬币称第二次，如果重量持平，则假币是剩下的那枚，否则就是重量较轻的那枚。如果第一次称的两叠硬币不一样重，则说明伪币在轻的那叠中，取其中的任意两枚称第二次，同理，可确定哪枚是假币。总之，使用天平秤，只需要称两次，就能确定哪枚是假币了。

---

382 外乡人只要对任何一个奴隶问："如果我要求你的伙伴指出那扇通向自由的门，那么他会指向哪扇门呢？"这样不管对方是说真话，还是说谎话，都会指出那扇可以使他沦为奴隶的门。据此，他就可以断定，另一扇门必定是通向自由的。

Chapter **06** 解析

383 因为抽屉全被打开了，证明小偷肯定是由下向上逐一拉开的。如果按照由上向下的顺序拉开，上面敞着的抽屉必定会妨碍搜掠下面的抽屉，因而必须把上面的抽屉先关上。所以小偷一定是老手，才懂得由下往上开抽屉的道理。

---

384 监狱不远处举行宴会的地方正在举办一场化装舞会，森姆穿着死囚的制服进去也不会引起人们的怀疑。在宴会结束前，他溜到主人房中，偷换了一套衣服，于是成功逃走了。

385 死者致命的伤在右肋，因此可以推断出杀人者是左撇子。大家吃饭都用右手拿筷子，而有个人却用左手。这就是他杀人的证明。

386 真是"智者千虑，必有一失"，肖恩没有想到他自己编造的谎言立刻就被米奇识破了。电线着火是不能用水扑灭的，只能用含有二氧化碳的灭火剂或者干粉灭火器扑灭，否则只会越烧越烈。肖恩说他用水扑灭了明火，这显然不合常理，所以被机敏的米奇发现了破绽。

387 这只是一次意外事故。
王丽是被毒蛇咬了一口，因家中无人，来不及救护而死亡的。

388 马尾巴仍然是朝下的，因为不管马怎样跑，马尾巴所指的方向都是不会变的。

389 拿破仑端起猎枪，对准落水男孩，并且大声说："你如果不自己爬上来，我就把你打死在水中。"那男孩见求救无用，反而增添了一层危险，便更加拼命地奋力自救，终于游上了岸。

390 此人是个盲人，他读的是盲文书。

391 越狱犯逃进牧场时，地面上有很多牛粪，他的两脚不断地踩着牛粪，牛粪的气味就掩盖了逃犯原有的脚印的气味。

392 相片次序为ACBD。
B图可见鱼竿弯曲，证明水靴里面装了水；D图可见水桶滴水，并且较重。

393 到警察局自首的人的确是凶手。他虽是圆脸，但也是王先生所见到的脸瘦削的人。因为王先生是从窗户的缝隙看见的疑凶，而疑凶快速的闪动会令王先生产生视觉误差，将疑凶的圆脸看成瘦削的脸。

394 探长发现死者还架着一副太阳镜。假使死者是自杀，由悬崖跳下去的时候，眼镜应该会摔碎，至少会滚掉，不可能还架在鼻子上。悬崖上的那只鞋，只是凶手为了掩人耳目，放上去的而已！

395 车胎事先已被修车人灌足了毒气，当东尼取车时，发现车胎太胀，于是就把车胎里的气放出了一些。这时毒气便从车胎内泄出，东尼吸入后便中毒身亡。

396 酒杯内的冰块在两个多小时后仍然没有融化掉，可见那杯酒是后来才被人放到书房里的，所以探长怀疑女佣在说谎。

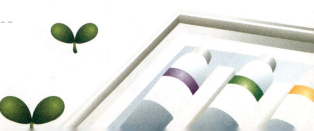

397 粉气球升得快。
　　因为粉色比黄色吸收热量多，气球会胀得大一些，所以升得快。

398 熟的西瓜相对比较轻，浮在水面上，而生的西瓜相对比较重，沉在水底。

399 李先生幽默地说："如果把拇指、食指、中指、无名指和小指用汉字写出来，排成一排来比较，那么因为'无名指'含有3个汉字，别的都只有两个汉字，无名指不就是最长的吗？"

400 迈伦要抓第二个进入房间的男人。如果那个男人认为这是自己的房间，进去时是不会敲门的。他之所以敲门，是为了探知房间有没有人，无人时即可行窃。

401 挂历每月的日期一般分为5行书写，22日不可能出现在第五行，由此得知，把29日和22日如此放在一起是绝对不可能的。所以保安能断定挂历是废品。

402 这个东西就是用于表示日期的数字"1"。"1号"之后一连8天都没有带"1"的日期，直到"10号"出现。再之后直到"19号"为止都带"1"，在"19号"之后夹了个"20号"，两天后到"21号"，再一次出现"1"，然后一直到10天后的"31号"或"1号"。一年中只有2月份的日子少，所以一年中只有一次是8天或9天后又再现"1"。

403 因为警察发现雪地上没有汽车轮胎走过的痕迹，证明艾莎说的10点45分到贝塔家肯定是谎话。雪是10点钟才开始下的，所以警察认定作案者就是艾莎。

404 李某自己先给家里拨通电话，然后再让女秘书打家里电话，所以女秘书听到的是占线声，造成王女士还活着的假象。

405 由于警方在这位司机肇事后不久便来到他家，所以，只要摸一下汽车前面的引擎盖，就会发现引擎的热气还没退去。

406 那个杀手的视觉有色弱的毛病，商人甲和乙是在灯光下发生争执的，对于杀手来说，灯光下的红与黑是很难辨认的。

407 墨水的颜色会随着时间的推移而改变。时间久了，墨水的蓝色就会变淡并且略带黑色。但警方看到刚写的遗书和以前的日记账字迹颜色几乎是同样的，故而揭穿了他们伪造遗书的骗局。

408 凶手与被害者同在海里。
凶案发生前正好是涨潮时间，凶手一直在附近监视被害者，当被害者接近岸边时，凶手就借着涨潮的机会把他刺死了，随后立刻从海里逃走了。退潮时，尸体便被冲到了岸边。

409 因为凶手往返邻居家时留在雪地上的足印深浅程度不同，所以警察有所怀疑。凶手将尸体搬回死者家时，重量较大，所以足印较深，而当他返回家里时，因为空手，所以足印较浅。

410 凡活人落水，都要在水中吸气，混浊的泥沙便会被吸进鼻孔。而被人投进水中的尸体是不会吸气的，自然泥沙也不会进入鼻孔。因而这个长工必定是死后才被人投入水塘的。

411 如果这个年轻人找错了车，那么他就还没有找到自己的车。如果他没有找到自己的车，就应当继续去找。可是，他并没有这么做，由此可见他不是找错了车。

412 警长走到聋哑人的身后说："你可以走了。""聋哑人"听到后立即起身离座，警长便知道他是装聋扮哑了。

413 地铁票分为5元的联票和3元的普通票两种，甲拿的是一张5元的纸币，因而会被问买哪种票。后面那个人虽然也拿了5元，但不同的是，他手里拿着一张1元和两张2元的纸币，不用问肯定是联票。因为如果他要买普通票的话，就不必再拿另一张2元的纸币了。

414 两种车都隔10分钟开出，但汽车过后只隔1分钟电车就来了，而电车过后要隔9分钟汽车才来。小强的妈妈在电车过后9分钟内到车站都是坐汽车，而在汽车开过后1分钟内到车站才坐电车。所以，她坐汽车的概率占90%。

415 其实，迪森是无辜的。除了少量过境后就不回来的车辆，绝大部分车辆过河后总要回来。因此只在一侧设立收费口收取来回车费，和在两侧都设立收费口收取单程车费，从总体效果上来看没有什么区别。但是，少设立一个收费站，却可以节约大量的人工、管理、运营费用。

416 这些人在潜水艇里，正在做潜水练习。

417 那个男孩是倒着走路的。

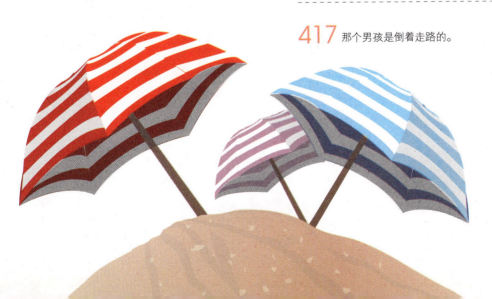

418 凶手是那个糖尿病病人。

因为糖尿病病人的汗液中含有很多糖分，凶手在杀人时因紧张出汗，把汗液留在了刀柄上，而蚂蚁喜欢甜食，所以刀柄上才会出现那么多的蚂蚁。

----

419 因为雪特点燃了壁炉里的干柴，烟囱必然冒烟，从而引起了巡逻警察的注意。

420 地球。

----

421 他决定不再看这本书。

----

422 这两个人说的是哑语，需要做手势，双方才能看得见。

----

423 他们是三胞胎或多胞胎中的两个人。

----

424 警察看到蜡烛后产生了怀疑，加上停电，蜡烛一直没有熄灭。假如遇害者是在自己屋中被杀，过了24个小时，蜡烛早就燃尽了。因此，一定是有人夜里把尸体弄来，走时忘了熄灭蜡烛。

425 如果死者真是爬树时从树上摔下来的，那么脚底板不会有纵向的伤痕。因为爬树时要用双脚夹住树干，脚底受伤也只能是横向的。

----

426 探长的依据是在银碗中见到的影像，营业员不可能认定罪犯是谁，因为碗中反射出来的影像是个扭曲的倒影。

----

427 吉姆看了信上的日期，才断定凶手是美国人。因为，英国人的日期格式是：日期/月份/年份；而美国人的日期格式是：月份/日期/年份。

----

428 请注意文中的细节：海上航行，狂风大作，到现在我一直在写，整齐秀丽……然而，风浪大的话谁还能写得出好字呢？因此，警长断定女演员在说谎。

429 神偷先把盒子倒放，然后把盖子拉开一点儿，仅仅使3颗宝石掉出来，这样就可以不接触毒蛇了。

430 人躺在床上，仰着面，用圆珠笔朝上写字，由于笔油受到重力的影响，很快就会写不出字来的。

431 这是因为降半旗的程序是先把旗升起，再把旗往下降，所以说降旗的时间比升旗的时间还要长。

432 因为地瓜在地窖里释放出了大量的二氧化碳，而二氧化碳浓度过高会使人体产生缺氧现象，这样人就会晕倒，严重者还会窒息。过量的二氧化碳，可以使燃着的蜡烛熄灭。因此，用蜡烛照明，可以检验地窖里的二氧化碳对人体是否有危害。

433 小光从废品收购站找了一个略短于2米的包装盒子，把鱼竿斜放（即：沿对角线方向摆放）在里面就可以了。

434 跑不了多远。因为月球上没有氧气，所以狮子连性命都有危险，它怎么能跑远呢？

435 报纸铺在两间屋子中间的地面上，把门关上，这样两人虽然都站在这张报纸上，但谁也握不到对方的手。

436 她什么也看不到。因为这间屋子被镜子铺满，没有缝隙了，所以光线也就无法射进来，只能是一团漆黑了。

437 对面的人彼此协助，互相帮助夹菜喂食，结果大家吃得很尽兴。

438 因为那个人是躺在地面上的。

439 县令大喝道："贼也敢起来走啊！"偷鸡贼由于做贼心虚，在出其不意的威喝下，往往会表现得很惶恐，从而露出了马脚。

440 陈先生是用手套着莉莉的35号高跟鞋，倒立着用双手走路离开现场的。即使是一个脚很大的男人，他的手仍然可以套进小高跟鞋内。

441 牛的鼻纹和人的指纹一样，每头牛的鼻纹彼此不同，彼得曾经给自己的小牛留有鼻纹档案，所以轻易判断出自己当年丢失的牛。

442 逃犯是两个人，每人只用一只滑雪板。交叉的滑行痕迹是逃犯用来迷惑搜捕他们的警察的。

---

443 李西小姐的手被反绑了，浴缸上写的应该是倒字，所以不是"6"，而是"9"。

---

444 疑凶说话的破绽在于彩虹的方位。要是他真的看见彩虹，太阳应该在彩虹对面。既然案发时间是下午4时，彩虹应该在东面的天空出现，而不是西面。

---

445 原来县令让人在饭菜里放了使人呕吐的药。不一会儿，3个人都呕吐起来，结果老妇人吐出的都是肉，而儿子和媳妇吐出的只是野菜而已。案子至此，不判自明。

---

446 原来，这是德国人的一个发明：用醋酸在蛋壳上写字，等醋酸干后再煮鸡蛋，这些字就会被吸收，并穿过蛋壳印在煮熟的蛋白上，而蛋壳上却不会留下任何痕迹，即使是在显微镜下也看不出来。

---

447 专门用来藏东西的地方，比如壁橱、暗门，都是搜查的重点，而放在眼前的东西往往容易被忽略。杉菜把芯片迅速贴到电扇的叶片上，然后打开电扇。在扇叶快速旋转的时候，叶片上的一张邮票是无法看出来的，因此警察们虽然到处搜索，却只是白费力气。

1元

448 由年龄最小者和死者是异性，可知死者不是年龄最小者。从犯比死者年龄大，可知从犯是男房主或女房主。年龄最大者和目击者是异性，而男房主年龄最大，因此，目击者是女性。从犯和目击者是异性，故从犯是男性，因而是男房主。如果死者是女性，则由年龄最小者和死者是异性，可知年龄最小者是男性并且是凶手（因为目击者是女性），但根据条件，凶手不是年龄最小者，因此，死者是男性即男租房者，并且年龄最小者是女性，即女租房者。同样，因为凶手不是年龄最小者，所以，凶手是女房主，女租房者是目击者。

---

449 寄信人先用铅笔在信封上的收信人处轻轻写上自己的姓名、地址，然后放进一些纸张寄出去。第二天信就会被寄回来。他把铅笔写的字擦掉，再用钢笔写上王强的姓名。到第三天，他把晨报放进信里封好后，拿到王强家，投进他家的信箱。这是推理小说中惯用的手法之一。

---

450 只要赶4只羊过渡口，就不会损失一只。因此，这个牧人每次只赶4只羊过渡口，一共过了250次。

---

451 一个箱子的底部过重就会导致箱子倾斜（重物并不是平放的），所以引起了海关官员的怀疑。结果证实，走私犯确实是将走私物品藏匿在箱底的夹层中。

452 小孙取的两张牌是3和5。

理由如下：在1点至8点的8张牌中，由于老孙取的牌为14点，可知只能是8和6。而大孙取的牌为11点，它们有可能是：3和8，4和7，5和6。但8和6已经被老孙取走，所以大孙取的牌只能是4和7。这样，剩下的牌为1、2、3、5。所以，小孙取的牌只能是3和5。

453 因为现场留下了被A打死的吸A血的蚊子。

454 A=1，C=2，E=3，I=4，L=5，N=6，S=7，T=8，V=9。（若N=9，V=6，则算式也成立）

提示：从第九位到第五位，可通过观察法直接得出L、A、S、C和I所代表的数字。

455 通过反向推理可知：穷人第三次过桥，只有24个铜子，则没有过桥前有12个铜子，加上给魔鬼的24个，一共有36个。那么，可知他第二次过桥前有18个铜子，加上给魔鬼的24个，则穷人二次过桥后共有42个铜子。那么，他第一次过桥前共有21个铜子。

456 通常骑车人的重量在后轮上，平路或下坡时，前轮印浅而后轮印深。上坡时骑车人用力弯腰，重心前倾，前后轮印大致相同。据此可以断定，凶手是从右路逃跑的。

457 因为门铃都是用干电池做电源的，所以即使家里停电，门铃也会响。这与停电无关，所以警长判断他在撒谎。

458 人张着嘴，是不能发出"五"这个音的。

459 老河工的办法是：先把两条大船装满沙土，并把船划到桥墩上方，用绳子系牢桥墩，然后卸掉两条船上的沙土，利用水的浮力，把桥墩从河底的泥沙中拔出来，再拖到上游去。

460 由于老杜去时已经用了原定时间的2倍，即他准备往回赶时就已经是12点了，所以无论他用多快的速度也不可能在12点时赶回家了。

461 应该是去山北的二虎在骗人。

因为农夫是10天后去的，10天里南瓜可以长大，所以半个碗底大变成一个碗底大，而一个碗底大应该更大，但北山的南瓜还是一个碗底大，所以说二虎在骗人。

462 非洲盛产钻石，阿郎利用鸵鸟吞食砂石的习性，偷运走私钻石。

463 伊索说："我不知道你走路的速度，怎么能告诉你需要走多少时间才能到达呢？"

464 因为湿毛巾上的水分蒸发成气体要吸收周围的热量，这样就把罐内的水的温度降低了。

465 将几条沙丁鱼的天敌鲶鱼放在运输容器里。为了躲避鲶鱼的吞食，沙丁鱼就要加速游动，从而保持了旺盛的生命力。这样，到港的沙丁鱼就仍然活蹦乱跳了。

466 华佗回答："大哥治病，是治病于病情发作之前。由于一般人不知道他事先能铲除病因，所以他的名气无法传出去。二哥治病，是治病于病情初起时。一般人以为他只能治轻微的小病，所以他的名气只传及乡里。而我是治病于病情严重之时，一般人都看到我在经脉上穿针管放血、在皮肤上敷药等大手术，所以以为我的医术高明，名气因而传遍全国。"

467 答案是"黑夜"，因为"黑夜"是地球自己的影子。

468 因为人死后尸体都会有一个僵硬现象，一旦尸体开始僵硬，手指就会收缩，结果扣动了扳机，造成死人开枪的现象。

469 这是可能的，因为这名队员的运气极好。
他随便抓两个球(例如A和B两球)，放在天平的两边，凑巧出现不平衡。于是，他可以断定不合格的那只球必然在A和B这两只球中，而其余的322只球都是合格的。然后，他从322只合格的球中任取一只放在天平的一边，从A、B中任取一只(例如A)放在天平的另一边称。这时，会出现两种可能情况：天平平衡，则说明B不合格；天平不平衡，则说明A不合格。

470 他说自己在屋里看电视，有飞机在屋顶上面盘旋，那么，由于电波干扰，电视的图像会闪动。

471 狼进入铁笼子里把羊撕咬成小块，再把羊肉拖出来，在铁笼子外面吃羊肉。

472 答案如下图所示。其实题目并没有限定必须是端头相接，但"三角形任意两条边之和大于第三边"，这一初等几何的概念却成了解答此题的障碍，而对几何学一无所知的人也许不假思索就能完成。所以说，知识有时也会妨碍你解决问题。

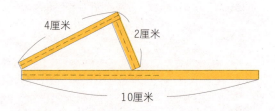

4厘米　2厘米　10厘米

473 先在蛋糕的上面横切一刀，再竖切一刀。然后再从蛋糕的侧面横切一刀，这样就能切出8块了。

474 可以观察一会儿，看看蜜蜂去哪些花朵上采蜜。蜜蜂不会到假花上采蜜。

475 小猴子把大荷叶铺在竹篮里，打了满满一篮子水。

476 把吸管插进咖啡杯里，就能先喝到杯底的咖啡了。

477

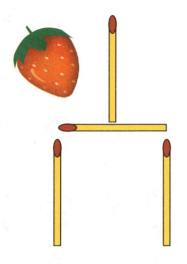

---

478 不一定非要把木塞拔出来才算打开酒瓶。如果把瓶塞推进瓶子里，小力和他的好友也能喝到葡萄酒。

---

479 把纸旋转90° 即可。

480

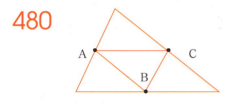

---

481 从其他3个轮胎上分别卸下1个螺丝，把它们安在第四个车胎上就行了。这样每个轮胎上都有3个螺丝，车子就能被开走了。

482

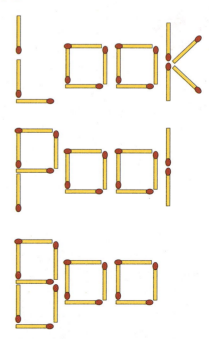

---

483 变成"Look""Pool"或"Boo"。

484

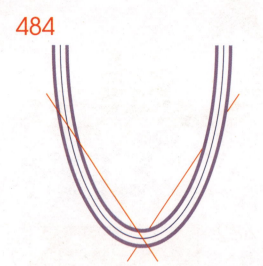

485
只要打开任意3个环，将3个环与其他的环链首尾相接即可。

486

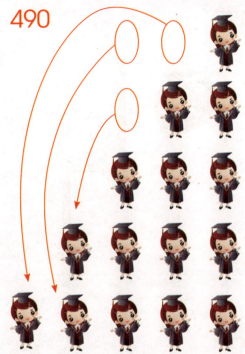

487
不一定非要炸开坚固的大门。与大门相比，墙壁比较容易被炸开。

488
在一个装满水的桶里，把杯子倒过来拿。

489
答案不唯一，读者可自由发挥想象。比如，再找一只导盲犬，由它给盲人和失明的导盲犬引路等。

490

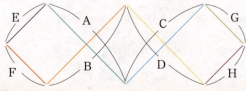

491
新西兰人坐在英国人和中国人中间，英国人的另一边坐着法国人，法国人的另一边坐着日本人，日本人的另一边坐着中国人。

492
在绳子的中间打个活结，用剪刀剪这个结形成的环。这样绳子虽被剪断，但是它却被结连在一起，因此杯子不会掉下来。

493
平时我们见惯了竖直线和水平线，所以一说正方形，多数人马上想到纵线和横线。在解本题时，一开始所有的人恐怕都会把铁丝纵横式地排列起来。但我们应该在这个基础上有所突破，充分发挥想象力，让我们的思想从水平、竖直状态中解放出来，向斜线甚至更为复杂的交错图形上考虑，实现思维跨越。

494 把3个房间分别命名为A、B、C。雷雷三兄弟分别拿一个房间的钥匙，再在A房内放B房的钥匙，B房内放C房的钥匙，C房内放A房的钥匙。这样，无论谁先到家，都能凭借已有的钥匙进入3个房间。

495 画一幅国王单腿跪下、闭一只眼瞄准射击的肖像画，就能掩盖他身体上的缺陷。

496 取出第三个金环，形成1个、2个、4个三组。第一周：领1个；第二周：领2个，还回1个；第三周：再领1个；第四周：领4个，还回1个、2个；第五周：再领1个；第六周：领2个，还回1个；第七周：领1个。

497 后摘的人只要保证花瓣剩下4片或2片，就一定能赢得这个游戏。比如，如果一个人先撕下1个花瓣，那么第二个人则撕下对面位置的2个花瓣；如果第一个人撕下2个花瓣，那么第二个人则在对面的位置撕下1个花瓣。这样下去，最后总会剩下位置相对的2个花瓣。

498 在紧靠大石头的地面上挖一个大坑。当大坑足以容纳大石头时，只要轻轻一推，大石头就会滚进坑里。

499 这个牧师对谁都说的一句话是："我把你们都吃了。"

500 掀开看。只要没有所谓的特异功能，不掀开看是不可能猜中的。也许你会从"一猜就中"这些字眼进行考虑，这样就会给自己限定条件了。

501 壮壮可以把篮球里的气放掉，把球压瘪，然后把鸡蛋放在里面端着回去。

502

503 略。

504 木匠的奇想实际上是不可能实现的。最终被锯成的27个小方块中，只有最中央的那个小方块有6个锯截面。由于锯一次不可能给同一个小方块留下两个或两个以上的截面，因此，中央的那个小方块一定被锯了6次，所以至少要6次才能锯成27块。

507

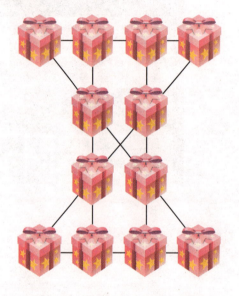

505

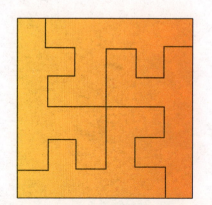

506 用一块边长为6尺的正方形钢板，按下图裁料即可。

508 小刚对表的办法就是用钟表店的时间加上从家里到钟表店的时间。得到路上时间的办法是先把家里的钟上好弦，回来再看一下就能算出路上的总时间。用总时间减去为老人指路的时间就是从家到钟表店往返的时间，将往返时间再减去一半就是从家到钟表店的时间，这样，小刚就能准确地拨准时钟了。

509 如图，架一座宽300米的巨桥，斜着穿过桥面，从A到B的距离最近。要知道，在这里桥宽是没有限制的，设计主要取决于目的。一般的桥顶多是10米或20米宽，如果受常识所束缚，那就很难找到本题的答案。

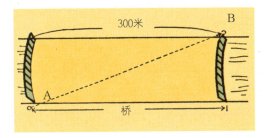

513 两车各自退后一段距离，从胡同中挪出木架，放到一辆车的前面让出胡同口，另一辆车则开进胡同中。再将木架向前移，直至胡同外的车可以开过胡同口。胡同内的车开出来，并向前行驶一段距离。另一辆车倒车过胡同口，最后将木架放回胡同中。

514 高尔基先将9块蛋糕装进3个小盒子里，每盒装3块，再将其中一个盒子装进一个大盒子里。

510 如下图这样，把软管的两端对接，向相反方向移动3颗白珠子，然后松开接口，取出黑珠子。

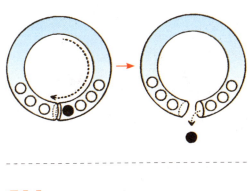

515 分别形成猪、松鼠、小狗、天鹅、山羊、兔子、螃蟹、老鹰的影子。

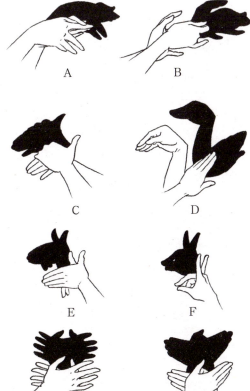

511 画一根更长的线。

512 将虚线处的火柴移到相应位置即可，如下图所示。

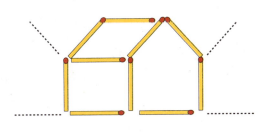

516 下面，每一幅图画中又增加了一点线索。这一下游戏是不是容易些了？现在你知道了吧，这6个物体分别是软盘、地球仪、电风扇、帆船、手机、笔记本电脑。

 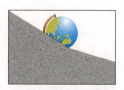

517 员工是按下图的样子将酒瓶留下的。

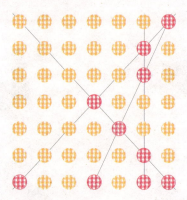

518

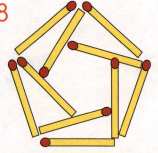

519

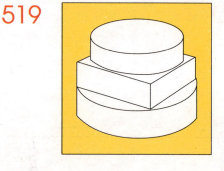

520 迪迪对年轻人乙说："你没他跑得快。如果他是贼，你怎么能追上他呢？"

521 兵兵有意把芦苇丛弄响，给敌人造成有人埋伏其中的假象，迫使敌人为了自卫而开枪，利用敌人的枪声给游击队报警。

522

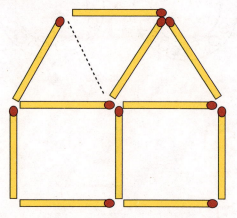

523 方法有多种多样，下面列举其中一个。摄影师可以改变规则，让同学们先闭上眼睛，当他数到3时，让同学们立即睁开眼睛，这样就不会有人因坚持不住而闭上眼睛了。

524 将长方形改成一个平行四边形就可以，这样面积只有一半，4条边的长度却没有变。

525

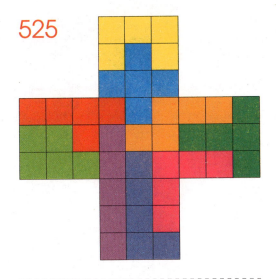

526 假设全副牌不包括大、小王，即总数为52张，则把未发的牌从最后一张开始由下往上发，第一张先发你自己，然后按顺时针顺序把牌发完即可。

527

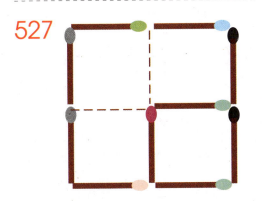

528 按下面的顺序做即可。事实胜于雄辩，希望你用手头的纸实际做一做。①首先把两边的两端用浆糊贴起来。②用剪刀沿虚线剪开。③一打开就可以了。

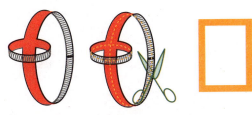

529 由于两枚硬币的圆周是一样的，因此，你可能认为硬币A 在紧贴硬币B"公转"一周的整个过程中，仅围绕自己的中心"自转"一周，即一个360°，但当你实际操作时，你就会惊奇地发现，硬币A 实际上"自转"了两周，即两个360°。

530 ①只需在摆好的火柴（图A）正中滴一点水，由于木材受湿后膨胀，会慢慢胀开变成图B所示的形状。②另取一根火柴并点燃，用这根燃着的火柴把靠在一起的3根火柴点燃，然后立即吹熄，稍停片刻。由于火柴头中的硫燃烧时变成液体，吹熄后硫凝固时会把3根火柴黏在一起，这时取走中间横放着的火柴，另外3根就仍能保持原来的形状。

531

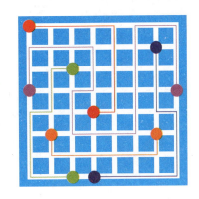

532 第一步，把一对相邻的开关扳成"上"。第二步，把一对对角线开关扳成"上"，此时已至少有3个开关的状态是"上"。如果父子没有过关，说明第四个开关的状态是"下"。第三步，把手指头伸进对角线开关，如果其中一个开关的状态是"下"，只要把它改成"上"即可，否则必然是触到了两个都是"上"的开关。这时，把其中一个开关的状态改成"下"。第四步，把手指伸入相邻开关，如果触摸到的开关状态一样，只要将这两个开关状态全部改变即可，否则必然触摸到了两个状态不一样的开关。此时，将这两者的状态分别改变，这样两对角线开关的状态分别一样。第五步，把手指头伸进对角线开关，把这两个开关状态的改变即可。

Chapter 08 解析

533 A.你是一个比较自信的人，你的人际交往是主动、积极的，因此你能捕捉到较多的机会。但另一方面，你也要注意到分寸感，因为物极必反。B.你有普通人的羞怯，有时这会给你的行动带来一些障碍，因此，你还可以更主动些、积极些。C.你的害羞心理比较严重，你在人际交往中比较拘谨，顾虑重重，害怕引人注目，无意与他人竞争。但另一方面，你可能做事谨慎，喜欢思考，谦虚、忠厚，常为他人着想。因此，你要认清自己的长处和短处，多鼓励自己，增加自信。

534 A.基本上，你会向对方赔罪，是因为你对自己本身的实力没有把握。因此，你不仅对自己没有信心，而且对你的人际关系更没有信心。其实，人们面对危险的反应都是一样的，如果你有信心、有实力，你就要去争取。B.拔腿就跑是你解决人际纠纷的一种做法，也是一种逃避问题的态度。如果经常主动解决问题，你会发现，许多问题并不像你想象中的那么麻烦。C.不管对方的实力怎样，你一定是对自己的实力有相当信心的人。因为你有自信，所以可以理直气壮地跟对方据理力争，来个硬碰硬。持这种处世态度的人，要注意控制情绪，冷静地解决问题，否则有可能问题会愈来愈大。D.你非常懂得如何化解人际纠纷，而且你也不轻言委曲求全。你知道只要先打动对方，再加上晓之以理、动之以情的说服工作，问题就容易解决了。这是一种非常有效的处理人际纠纷的方式。

535 A.你并非缺乏意志力，只不过你只喜欢做那些你有兴趣的事，对于那些能即时获得满足感的事情，你会毫无困难地坚持下去。你很想坚持你的新年大计，可惜很少能坚持到底。B.你很懂得权衡轻重，知道什么时候要坚持到底，什么时候要轻松一下。你是那种坚守本分学习、工作的人，但遇到极感兴趣的东西时，你的好玩心会战胜你的决心。C.你的意志力简直惊人，不论任何人、任何情形都不会使你改变主意。但有时太过执着并非好事，尝试偶尔改变一下，你的生活将会更充满趣味。

536 A.你不再继续吃汉堡包，并把它扔掉，这样做的人思维敏捷，处变不惊。B.你善于处理问题，但对于危机的处理手法单纯，想法过于简单，因此成功率不会太高。C.表面上看，你是一个粗枝大叶的人，其实你做事非常冷静，富有理性。D.你有些神经质，当你面对危险时，常会防御过当，容易杞人忧天。

537 猜夫妻关系的人拥有一颗银子般的心，猜母子关系的人拥有一颗金子般的心，猜没有关系的人拥有一颗钻石般的心。

538 这道题考验你对新生事物的追求和对生活充分体验、享受的能力。如果你选择学着跳这种舞，说明你非常自信，也愿意尝试新生事物。如果你选择看别人跳，直到大家改跳你熟悉的舞蹈才参与进来，说明你遇事很谨慎。如果你请好友私下教你跳这种舞，说明你在新生事物面前畏缩不前，容易被从未尝试过的事物征服或吓倒。

539 A.也许你会边抬箱子边劝好友歇一歇。你外表看起来很坚强，但内心却很脆弱。遇到问题时，你虽然会想着靠自己的力量去解决，但最后往往不了了之。因此，你要特别留意虎头蛇尾的做事态度。B.咬牙坚持下去。你非常有责任感。遇到紧急情况时，你会一肩扛起全部重担，不会把责任推卸给他人。但是你也有顽固的一面。当你遇到问题时，不妨多听听他人的意见再做决定。C.马上放下箱子。你非常顾及自己的面子。不管发生什么样的事情，你总是先考虑自己的自尊，即使因此而伤害他人也在所不惜。这种态度容易使你的人际关系出现裂痕，因此应该有所改变。D.打电话叫别人过来帮忙。当你遇到麻烦时，总是想找别人来解决。其实独立地面对麻烦，你会发现很多麻烦只是"纸老虎"，因此要勇于独立面对困难。

540 这道题考验你处理人际关系的能力。如果你不去赴约，并希望好友谅解，说明你遇事处理得当，合情合理，但又不圆滑逢迎。你的言行透露着诚实坦白的魅力，因此会受到朋友们的欢迎。如果你去赴约，并尽量显得情绪高涨，说明你处理人际关系的能力还有所欠缺。你会有不少相得不错的朋友，但出于各种原因，真正与你肝胆相照的知己却不多。你应该找找原因所在。如果你去赴约，但对好友说希望早些回家，说明你处理人际关系的能力比较差。你常常使自己独自徘徊于众人之外，颇有拒人于千里之外的意味。这种定势一经形成，即使你想走回人群，也比较难。

541 这道题考验你的组织和协调能力。如果你选择与同学们一起玩，说明你可能会有好人缘，但遇事缺少自主性，容易人云亦云。如果你选择不理会同学们的嬉笑打闹，继续写黑板报，说明你总是将牺牲自己看成化解矛盾的最佳方式。这样做，表面上看你的协调能力超群，不会把自己的意志强加于人，但追根究底，别人会对你敬而远之。如果你选择向老师报告，说明你擅长调动并组织周围的人，精于世故。但你的组织和协调能力只能依赖于外物，或者持续时间很短。如果你进行大声劝告，说明你是一个负责任的人，但是缺少协调能力。你应该寻找一种解决问题的最佳途径。

542 我们要像咖啡一样，勇敢地改变逆境，这样才能创造美好的生活。

543 生命的价值就像这块石头一样，由于你的珍惜、惜售而提升了它的价值。对于我们来说，只要我们懂得自我珍惜，生命就有意义、有价值。

544 首先让A把酒平分在两个杯中，并认为自己无论要哪杯都没有意见。接着让B从两杯酒中先挑选自己中意的那一杯，然后A喝剩下的一杯酒。这样双方就不会相互抱怨。对待公平，一般的思路是尽可能从客观上去衡量。但是，本题用"没有怨言"这句话表现出来的这种公平，带有浓厚的主观判断色彩。在这种情况下，必须考虑两个人的心理活动。只有懂得站在对方的立场考虑问题，问题才会迎刃而解。

545 抢救距离出口最近的那幅画。因为如果抢救其他的名贵的画，那么可能因路途遥远而导致抢救失败。

546 对别人的态度就是别人对你的态度，不喜欢他人的人，同样不受人欢迎。

547 最有价值的人，不一定是最能说的人。善于倾听，才是成熟的人最基本的素质。

548 父亲说："除了黑点，你难道没有看到这一大张白纸吗？"

549 什么样的选择决定什么样的生活。今天的生活是由3年前我们的选择决定的，而今天我们的选择将决定我们3年后的生活。

550 下雨时，大儿子的伞卖得出去；天晴时，小儿子的布晾得干。

551 不一定非得去山区淘金，可以买一条船开展营运。

552 老人说："孩子，你以为这种治疗方法管用吗？"

Chapter **09** 解析

553～582 略。

图书在版编目（CIP）数据

世界名校优等生都在做的思维训练／龚勋主编. ——
汕头：汕头大学出版社，2015.5（2021.6重印）
ISBN 978-7-5658-1814-1

Ⅰ. ①世… Ⅱ. ①龚… Ⅲ. ①思维训练—青少年读物
Ⅳ. ①B80-49

中国版本图书馆CIP数据核字（2015）第088262号

世界名校优等生都在做的思维训练

SHIJIE MINGXIAO YOUDENGSHENG DOU ZAI ZUO DE SIWEI XUNLIAN

总 策 划	邢　涛	**印　刷**	水印书香（唐山）印刷有限公司
主　编	龚　勋	**开　本**	720mm×1020mm 1/16
责任编辑	汪艳蕾	**印　张**	19
责任技编	黄东生	**字　数**	200千字
出版发行	汕头大学出版社	**版　次**	2015年5月第1版
	广东省汕头市大学路243号	**印　次**	2021年6月第6次印刷
	汕头大学校园内	**定　价**	68.00元
邮政编码	515063	**书　号**	ISBN 978-7-5658-1814-1
电　话	0754-82904613		